컴퓨터생활과 소프트웨어 3 코딩 기초

학 문 사

머리말

안녕! 어린이 여러분? 만나서 반가워요.
이제 여러분은 컴퓨터와 친해지는 방법을 배울 거예요.

컴퓨터를 만져 보았나요? 아빠, 엄마, 언니, 오빠가 만지는 컴퓨터를 구경하기도 하고, 재미있는 게임이나 영상을 보기도 했을 거예요.

컴퓨터는 여러분이 하고 싶은 모든 것을 할 수 있어요. 친구도 사귈 수 있고, 길을 찾을 수도 있고, 생각하는 것을 만들 수도 있어요. 못하는 것이 없는 친구지요.

하지만 그러기 위해서는 컴퓨터가 어떤 것인지, 어떻게 사용해야 하는지 잘 배워야 해요.

겁먹을 필요 없어요! 이 책을 따라하면서 조금씩 컴퓨터와 친해지다 보면, 어느새 둘도 없는 친구가 되어 있을 거예요.

준비되었나요 친구들? 그럼 출발해볼까요!

차례

1부 / 컴퓨터와 생활

2부 / 소프트웨어 코딩기초

STOP

컴퓨터와 생활

1 나는 정보검색 왕

들어가며

여러분은 궁금한 것이 있을 때 어떻게 하나요? 인터넷을 활용하여 책을 읽다가 혹은 텔레비전을 보다가 궁금한 것이 있을 때 궁금증을 해소하는 방법을 알아봅시다.

인터넷으로 정보검색을 하기 위해서는 검색엔진의 검색창을 이용하거나 사이트 주소를 직접 입력하는 방법이 있습니다. 필요한 정보가 무엇인지 생각하며 정보 검색을 해 봅시다.

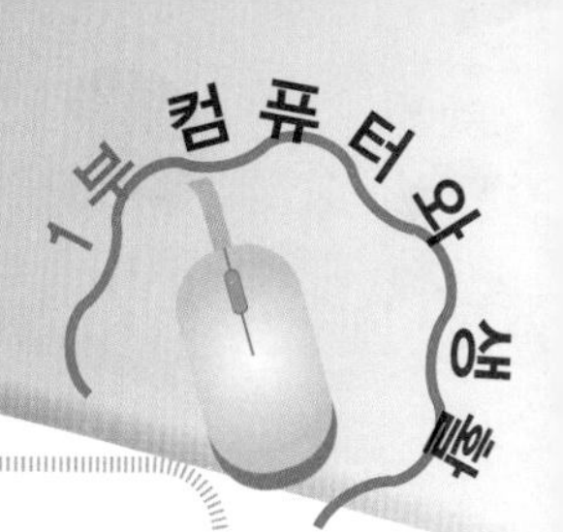

배워볼 내용

- 정보검색을 위한 검색어를 찾아봅시다.
- 학급 정보검색 대회를 해봅시다.

정보검색을 하기 위해서는 검색엔진의 검색창에 궁금한 내용 중 검색어를 찾아 입력한 후 검색을 해야 합니다. 아래 문제를 보고 검색을 위한 검색어를 찾아봅시다.

문　제	검색어
1. 서울 시청의 주소는 무엇일까요?	서울시청
2. 피겨 여왕 김연아 선수가 다닌 초등학교의 이름은?	
3. 우리나라 국보 1호는 무엇인가요?	
4. 그리스의 수도는 어디인가요?	
5. 대통령 선거는 몇 년에 한번 이루어질까요?	

지식충전

- 정보검색이란 정보의 핵심단어를 입력하여 필요한 내용을 찾아내는 것을 말합니다.

활동 1

생활 속에서 얻는 정보에 대하여 알아봅시다.

1. 2018년에 열린 동계 올림픽의 개최 장소는 어디일까요?
정답 :
2. 우리나라 국회의원은 총 몇 명일까요?
정답 :
3. 우리나라 경찰 마스코트 이름은 무엇일까요?
정답 :
4. 애국가를 작곡한 사람은 누구인가요?
정답 :
5. 독도의 주소는 무엇인가요?
정답 :

학습정리

정보검색을 잘하기 위해서는 문제를 읽고 검색어를 잘 찾아야 합니다.

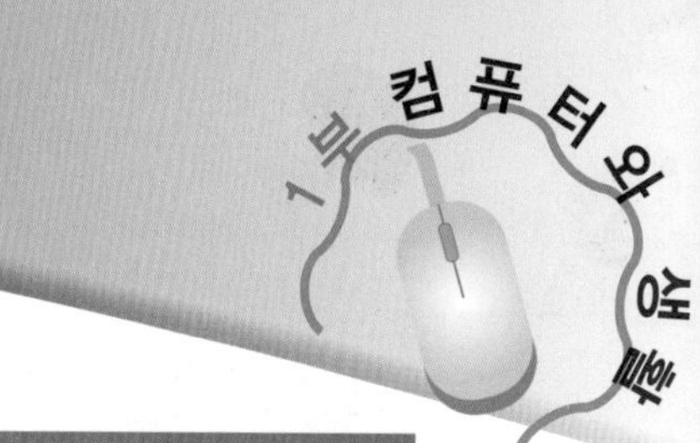

2 다정한 친구되기, 정보를 주고받아요.

들어가며

친구들과 정보를 주고받는 방법으로는 어떤 방법이 있을까요? 전화, 문자 등 다양한 방법이 있지만 정보를 보내기에는 용량이 작습니다. 내가 원하는 정보나 이야기를 할 수 있는 방법을 알아봅시다.

친구들과 전화로 대화를 해 본 경험이 있지요? 전화로 통화를 할 때에 보여주고 싶은 그림이나 글이 있는데 보여줄 수 없어 아쉬운 경험이 있을 것입니다. 전자우편은 긴 글이나 그림 등을 첨부하거나 입력하여 내용을 전달할 수 있고 친구에게 손쉽게 전하고 싶은 마음을 전할 수 있습니다. 전자우편을 만들어보고 친구에게 전자우편을 보내 봅시다.

배워볼 내용

- 전자우편 계정을 만들어봅시다.
- 친구에게 전자우편을 보내는 방법을 알아봅시다.

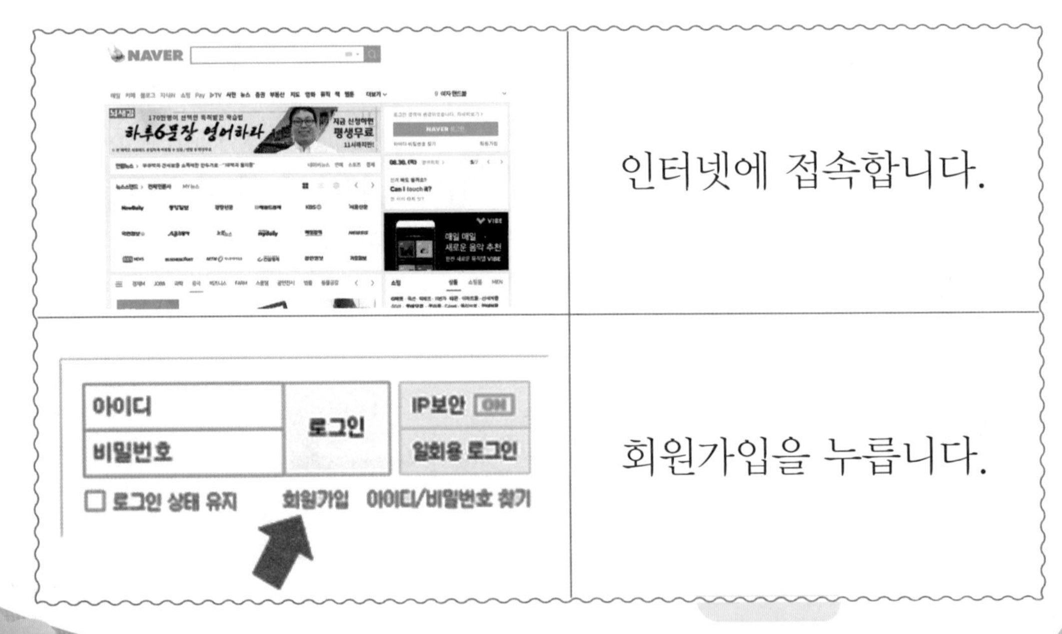

(NAVER 화면)	인터넷에 접속합니다.
(로그인 화면)	회원가입을 누릅니다.

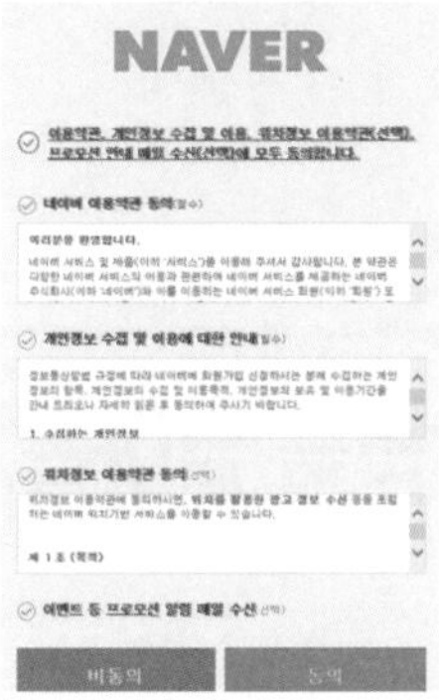

NAVER

이용약관, 개인정보 수집 및 이용, 위치정보 이용약관(선택), 프로모션 안내 메일 수신(선택)에 모두 동의합니다.

네이버 이용약관 동의(필수)

여러분을 환영합니다.
네이버 서비스 및 제품(이하 '서비스')을 이용해 주셔서 감사합니다. 본 약관은 다양한 네이버 서비스의 이용과 관련하여 네이버 서비스를 제공하는 네이버 주식회사(이하 '네이버')와 이를 이용하는 네이버 서비스 회원(이하 '회원') 또 [illegible]

개인정보 수집 및 이용에 대한 안내(필수)

정보통신망법 규정에 따라 네이버에 회원가입 신청하시는 분께 수집하는 개인정보의 항목, 개인정보의 수집 및 이용목적, 개인정보의 보유 및 이용기간을 안내 드리오니 자세히 읽은 후 동의하여 주시기 바랍니다.

1. 수집하는 개인정보

위치정보 이용약관 동의(선택)

위치정보 이용약관에 동의하시면, 위치를 활용한 광고 정보 수신 등을 포함하는 네이버 위치기반 서비스를 이용할 수 있습니다.

제 1 조 (목적)

이벤트 등 프로모션 알림 메일 수신(선택)

비동의 동의

개인정보 동의에
체크합니다.

NAVER

아이디

비밀번호

비밀번호 재확인

이름

생년월일

성별

본인 확인 이메일(선택)

휴대전화

가입하기

아이디, 비밀번호 등
개인정보를 입력합니다.

가입절차가 완료되면 전자우편 계정이 생깁니다.
네이버는 아이디@naver.com
다음은 아이디@daum.net 입니다.

지식충전

- 전자우편 계정 아이디는 나중에 수정이 되지 않기 때문에 잘 선택해서 만들어야 합니다.
- 아이디와 비밀번호를 잊지 않도록 주의해야 합니다.

친구에게 전자우편을 보내는 방법을 알아봅시다.

※ 전자우편 보내는 방법

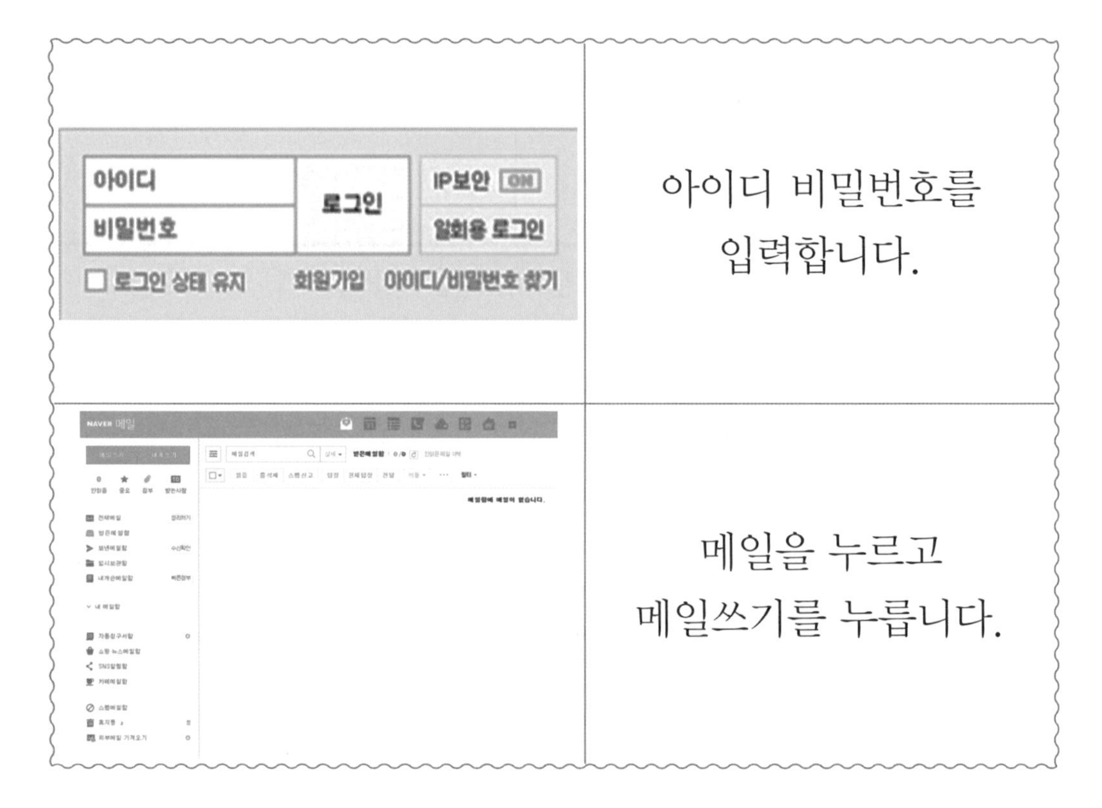

(로그인 화면)	아이디 비밀번호를 입력합니다.
(메일 화면)	메일을 누르고 메일쓰기를 누릅니다.

받는 사람에는 친구의 아이디를 입력하고 제목, 내용을 입력한 뒤 보내기 버튼을 눌러 메일을 보냅니다.

※ 친구와 전자우편 보내고 받기

	이　름	아이디
보낸 친구		
받은 친구		

학습정리

전자우편을 보낼 때에는 주소를 정확하게 입력해야 원하는 친구에게 전자우편이 전달될 수 있습니다.

3 앉아서도 온 세계를 볼 수 있어요

들어가며

오늘날 인터넷과 스마트기기가 발달하면서 많은 것이 변화했습니다. 우리 고장의 모습을 알기 위해 직접 다니지 않고도 알 수 있게 되었습니다. 우리 고장의 모습을 인터넷으로 보는 방법을 알아봅시다.

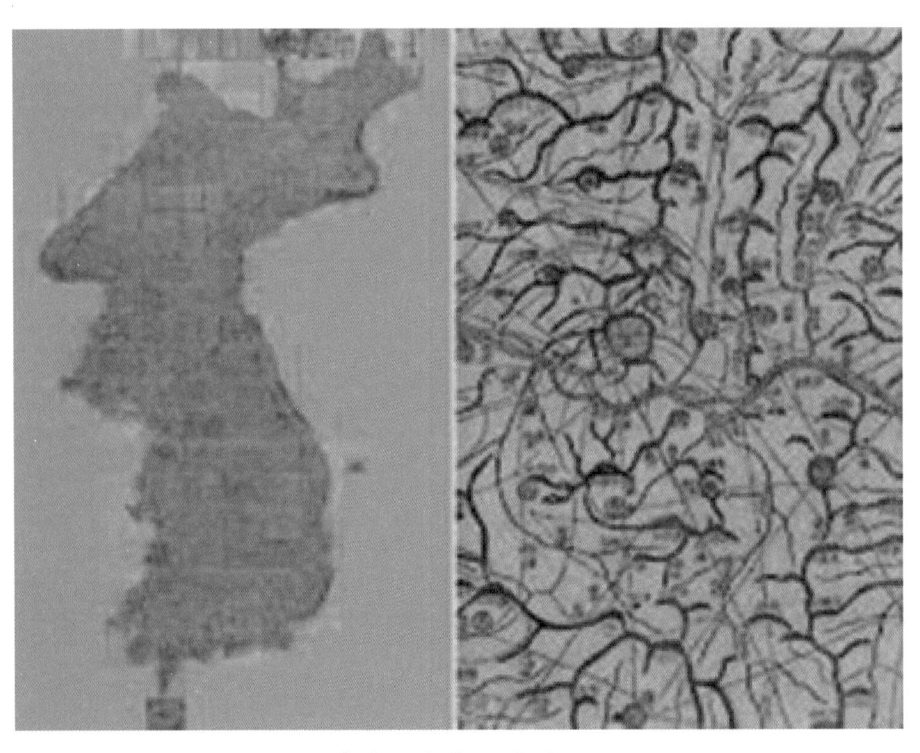

김정호 「대동여지도」

옛날에는 이 지도를 만들기 위해서 직접 걸어서 전국 방방 곡곡을 돌아다녔습니다. 그러나 지금은 내가 어느 곳에 있어도 스마트폰이나 인터넷을 통하여 전 세계를 편하게 볼 수 있습니다. 쉽게 전 세계를 볼 수 있게 해주는 인터넷 지도 서비스에 대해 알아봅시다.

배워볼 내용

- 인터넷 지도 서비스에 대해 알아봅시다.
- 우리 학교 주변을 찾아봅시다.

※ 인터넷 지도 서비스에 대해 알아봅시다.

 NAVER 메일 카페 블로그 지식iN 쇼핑 Pay TV 사전 뉴스 증권 부동산 지도 영화 뮤직 책 웹툰 더보기 평생 안되던 영어가 3주 만에 들렸어요! 평생무료 NAVER 08.30.(목)	네이버에 접속하여 지도를 클릭합니다.
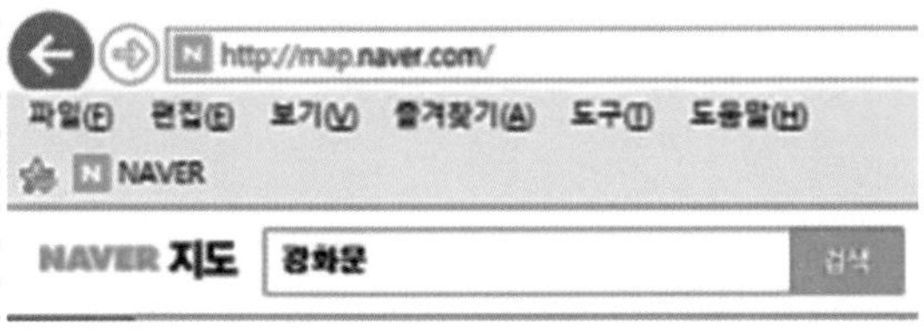 http://map.naver.com/ 파일(F) 편집(E) 보기(V) 즐겨찾기(A) 도구(T) 도움말(H) NAVER NAVER 지도 광화문 검색	상단의 검색창에 찾고자 하는 곳의 주소나 지명을 입력하여 검색합니다.

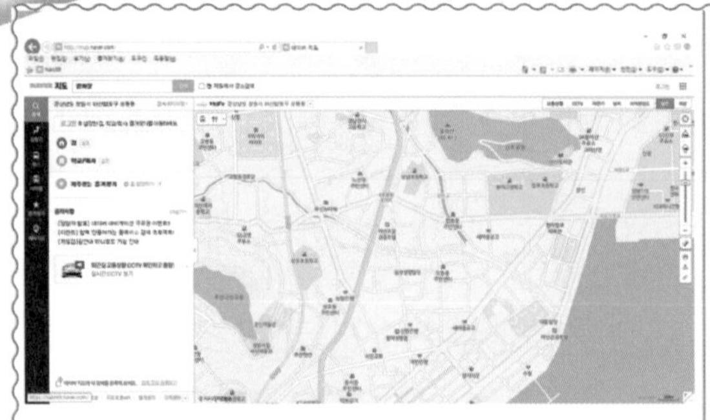

지도를 확인합니다

광화문을 클릭하여 나오는 창에 오른쪽 아이콘을 클릭합니다.

로드뷰로 광화문의 실제 모습을 볼 수 있습니다.

현재 인터넷 지도 서비스는 구글어스, 네이버, 다음에서 이용할 수 있습니다. 구글어스는 전 세계의 지도를, 네이버와 다음은 우리나라의 지도를 볼 수 있습니다.

지식충전

- 인터넷 지도 서비스를 이용하면 지도 뿐만 아니라 실제 장소를 확인해 볼 수 있습니다.

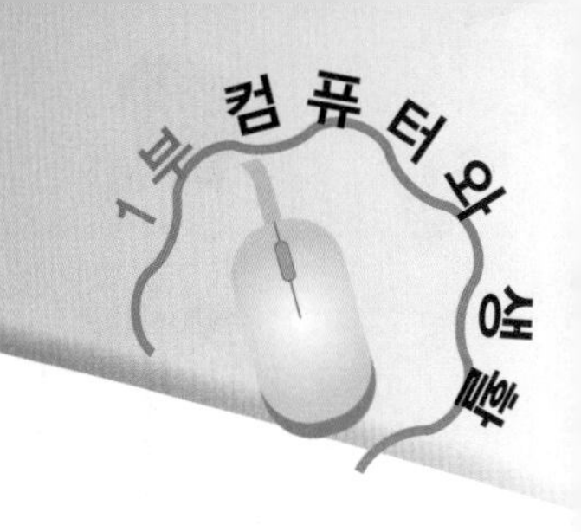

인터넷 지도 서비스로 우리 학교의 주변을 찾아봅시다

※ 인터넷 지도 서비스에 접속하여 우리 학교 주변의 모습을 찾아보고 찾아본 소감을 적어봅시다.

학습정리

인터넷 지도 서비스를 잘 활용하면 어디서나 전 세계 어디든 쉽게 볼 수 있습니다.

4 동시를 예쁘게 만들어 보자

들어가며

- 책에 쓰여진 동시는 글자도 반듯반듯하고 줄도 잘 맞추어 있습니다. **'훈글'**을 이용하여 동시를 예쁘게 만들어 봅니다.
- **'훈글'**에는 글자 모양도 여러 가지가 있어서 글자의 뜻에 따라 모양을 다르게 할 수도 있습니다.
- 글자가 쓰다가 틀리면 지우개로 지워야 하는데 **'훈글'**에서는 더 쉽게 고칠 수 있습니다.

봄 오는 소리

정 완 영

변빛도 소곤소곤
상추씨도 소곤소곤

물론른 살구나무
꽃가지도 소곤소곤

밤새 내
내 귀가 가려워
잠이 오지 않습니다.

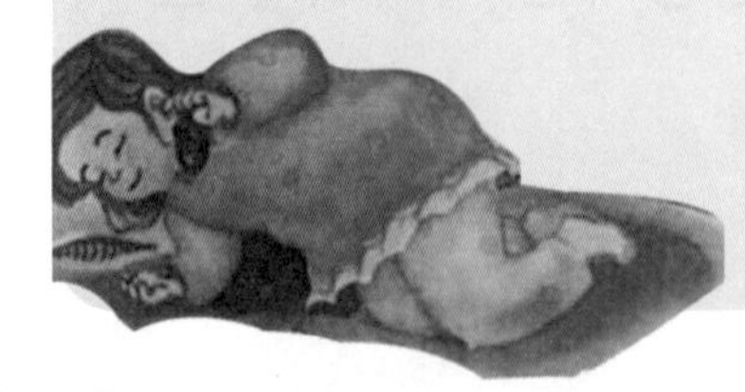

봄이 오는 소리

'훈글'을 사용하여 동시를 예쁘게 만들어 봅시다. 한글 문서를 만들려면 먼저 자판을 잘 익혀야 합니다. 평소에 타자연습 프로그램을 이용하여 자판을 빠르게 칠 수 있도록 하세요.

배워볼 내용

- **'훈글'**을 실행할 수 있다.
- 동시를 입력하고, 글자 모양을 예쁘게 꾸며 볼 수 있다.
- 입력한 동시를 컴퓨터에 저장하여 나중에 사용할 수 있다.

컴퓨터에서 문서를 만들어 주는 프로그램에는 여러 가지가 있습니다. **'훈글'**은 우리나라 사람들이 쓰기에 매우 편리하게 만들었습니다.

'훈글'을 실행하여 봅니다.

" –모든 프로그램 – 한글과컴퓨터 – 한컴오피스 2014 – 한컴오피스 한글 2014"

'훈글'을 실행하면 로고 화면이 나타나고 글자를 입력하는 초기 화면이 나타납니다.

♠ '혼글'의 화면 구성

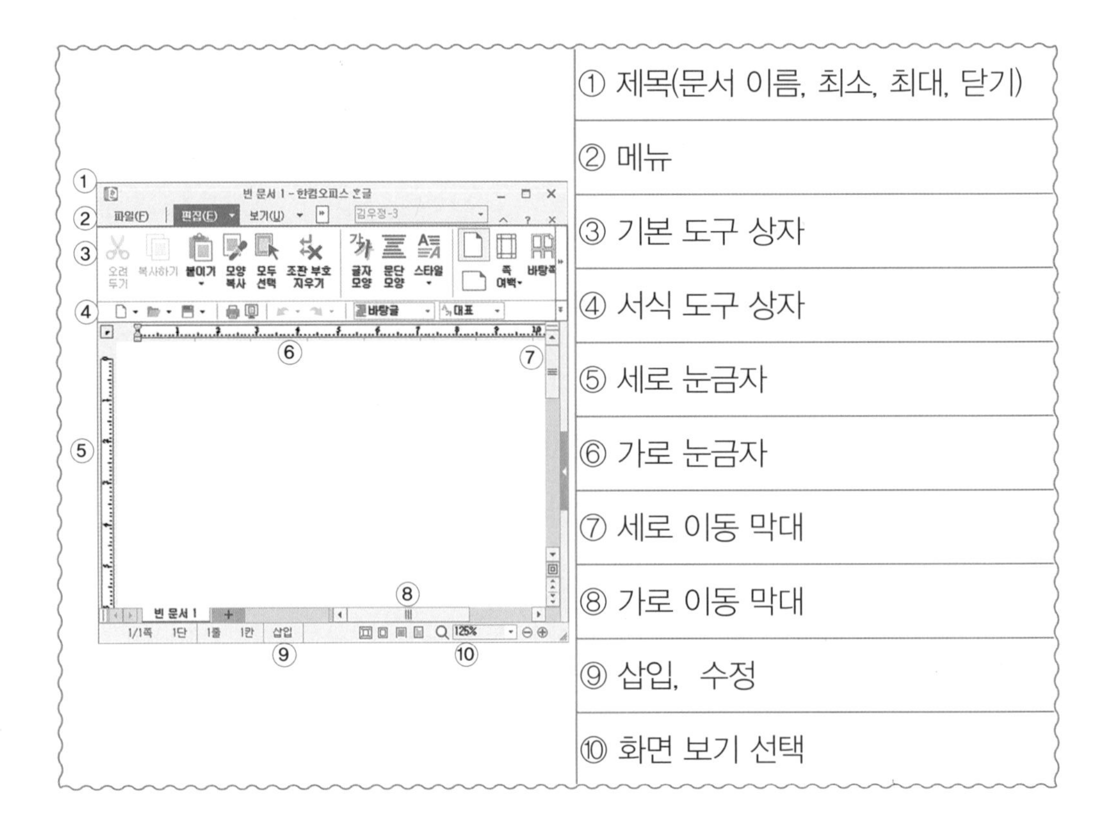

① 제목(문서 이름, 최소, 최대, 닫기)

② 메뉴

③ 기본 도구 상자

④ 서식 도구 상자

⑤ 세로 눈금자

⑥ 가로 눈금자

⑦ 세로 이동 막대

⑧ 가로 이동 막대

⑨ 삽입, 수정

⑩ 화면 보기 선택

지식충전

'혼글'은 문서를 만들어 주는 프로그램으로 글자 뿐만 아니라 도형, 그림, 수식, 동영상도 넣을 수 있습니다.

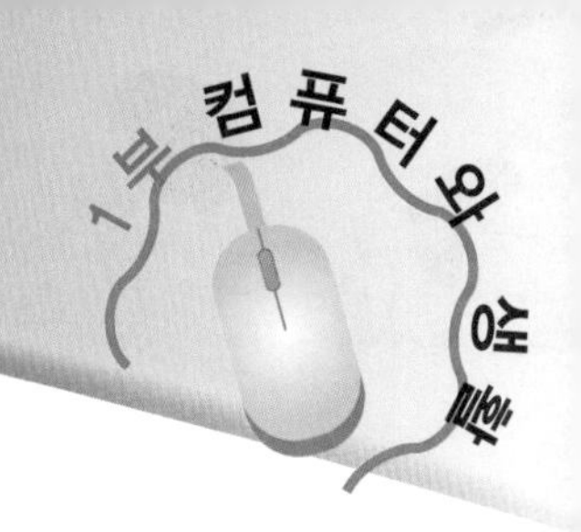

동시를 입력하여 저장하여 봅시다.

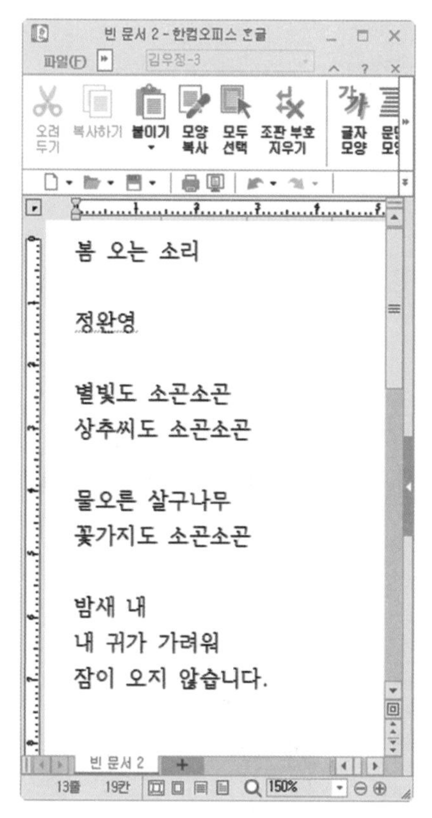

- 공백 문자는 Space Bar 를 누릅니다.
- 줄을 바꿀 때에는 Enter ↵ 키를 누릅니다.
- 커서는 방향키를 이용하거나 마우스로 옮긴 후 왼쪽 버튼을 누릅니다.
- 글자가 틀리면 Delete, Back Space 로 지웁니다.
- 글자를 모두 친 다음에는 💾을 선택하여 '봄이 오는 소리'로 저장합니다.
- 저장 후 오른쪽 위에 있는 ✕를 선택하여 **'한글'**을 마칩니다.

♠ 참고

왼쪽 사진은 파일을 저장하는 '디스켓'으로 예전에 많이 사용하였습니다. 그래서 지금도 파일을 저장하는 아이콘에 디스켓 모양인 💾이 사용됩니다.

동시의 글자를 예쁘게 꾸며 봅시다.

♠ 파일 불러 오기

를 선택하여 '봄이 오는 소리'를 찾아 열기(D) 를 선택합니다.

♠ 글꼴 바꾸기

글꼴을 바꿀 부분을 블록으로 선택한 후 함초롬바탕 의 ▼를 선택하여 원하는 글꼴로 바꿉니다.

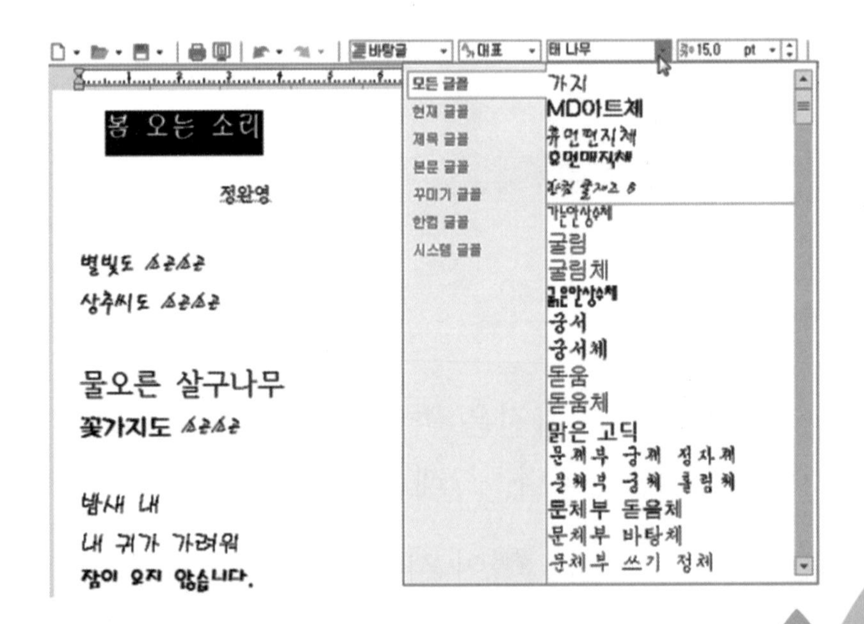

♠ 글자 크기는 [가 14.0 pt]를 이용하여 글자 크기를 바꿉니다.

♠ 동시를 예쁘게 꾸민 다음에는 저장을 합니다.

학습정리

'**훈글**'을 이용하면 여러 가지 글자 모양으로 문서를 만들 수 있고 컴퓨터에 저장을 할 수 있습니다.

5 토끼의 재판을 멋있게 만들기

들어가며

- 극본은 문단마다 모양이 다릅니다. **'훈글'**에서는 여러 종류의 문단을 만들 수 있습니다.
- 문단에는 앞에 특별한 글자가 있는 문단, 글자가 튀어 나온 문단, 문단 사이가 많이 떨어진 문단, 테두리가 있는 문단 등이 있습니다.
- 지름길로 가면 빠르게 가듯이 **'훈글'**에서 단축키를 사용하면 빠르게 일을 합니다. 단축키를 이용하여 빠르게 글자 모양과 문단 모양을 바꾸어봅시다.

문서를 만들 때에는 글자 모양이나 문단 모양을 정하지 않고 글자만 입력합니다. 글자를 모두 입력한 다음에 글에 맞게 글자나 문단 모양을 적용하면 예쁜 문서를 쉽게 만듭니다.

배워볼 내용

- 문단의 뜻을 알고 여러 가지 문단 모양을 나타낼 수 있다.
- 글 머리표를 넣어 문서를 만들 수 있다.
- 글자나 문단의 모양을 복사할 수 있다.

편집(E) ▾ 보기(U) ▾

☑ 문단 부호 ☑ 그림

'한글'의 보기 메뉴에서 문단 부호를 선택하면 문단의 끝을 나타내는 ↲ 기호가 화면에 보입니다. **'한글'**에서는 ↲ 과 ↲ 사이의 문장을 하나의 문단이라고 하고 Enter 키를 누르면 생깁니다.

【보기】의 글을 컴퓨터에 입력해 보세요.(↵는 Enter 입니다)

보 기

토끼의 재판↵

↵

때: 옛날 옛적, 호랑이 담배 피우던 때↵

곳: 산속↵

나오는 인물: 호랑이, 토끼, 나그네, 소나무, 길↵

↵

산속 외딴길에 나무가 한 그루 서 있다. 커다란 호랑이를 넣은 궤짝이 놓여 있다. 바람 부는 소리와 나무 흔들리는 소리가 들린다.↵

↵

호랑이: 아! 뛰쳐나가고 싶어 못 견디겠다. 아이고, 배고파. (머리로 문짝을 떠밀어 보고) 안 되겠는걸! 여기서 나가기만 하면 먼저 사슴이나 토끼를 닥치는 대로 잡아먹어야지. (머리로 또 문을 밀어보고) 아무리 해도 안 되겠는걸. (그냥 쭈그리고 앉는다.)↵

↵

나그네가 지나간다.↵

↵

호랑이: (반가운 목소리로) 나그네님!

지식충전

글을 입력하여 한 줄이 꽉 차면 저절로 다음 줄에 글자가 입력됩니다. **'훈글'**에서는 ↵ 를 누르면 다음 줄이 생깁니다. ↵ 와 ↵ 사이에 있는 문장을 문단이라고 합니다.

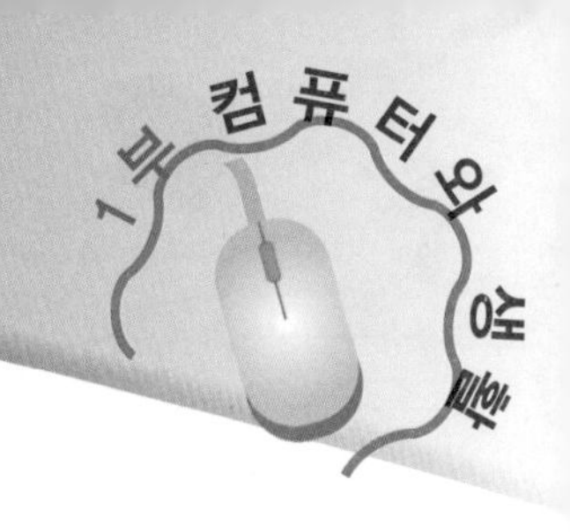

극본에 맞게 문단 모양을 만듭시다.

※ 입력한 글을 다음과 같이 만들어 봅니다.

1

토끼의 재판↲

↲

- 때 : 옛날 옛적, 호랑이 담배 피우던 때.↲
- 곳 : 산속.↲
- 나오는 인물 : 호랑이, 토끼, 나그네, 소나무, 길.↲

2

↲

산속 외딴길에 나무가 한 그루 서 있다. 커다란 호랑이를 넣은 궤짝이 놓여 있다. 바람 부는 소리와 나무 흔들리는 소리가 들린다.↲

3

↲

호랑이 : 아! 뛰쳐나가고 싶어 못 견디겠다. 아이고, 배고파. (머리로 문짝을 떠밀어 보고) 안 되겠는걸! 여기서 나가기만 하면 먼저 사슴이나 토끼를 닥치는 대로 잡아먹어야지. (머리를 또 문을 밀어보고) 아무리 해도 안 되겠는걸. (그냥 주그리고 앉는다.)↲

4

↲

나그네가 지나간다.↲

5

↲

호랑이: (반가운 목소리로) 나그네님!↲

6

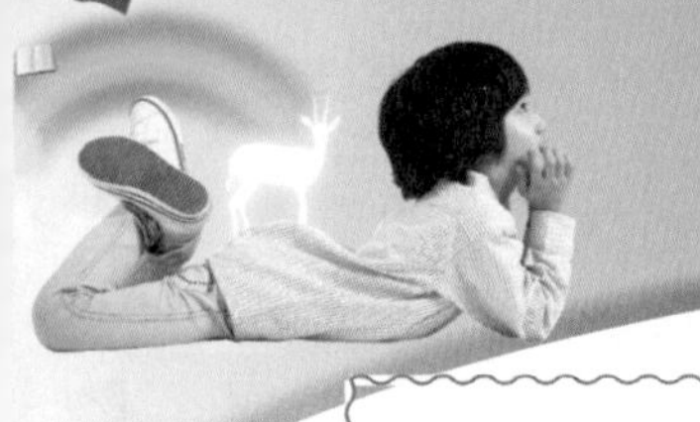

1번 위치에 커서를 놓고 ☰를 선택합니다. 문단의 글자가 가운데로 옵니다.

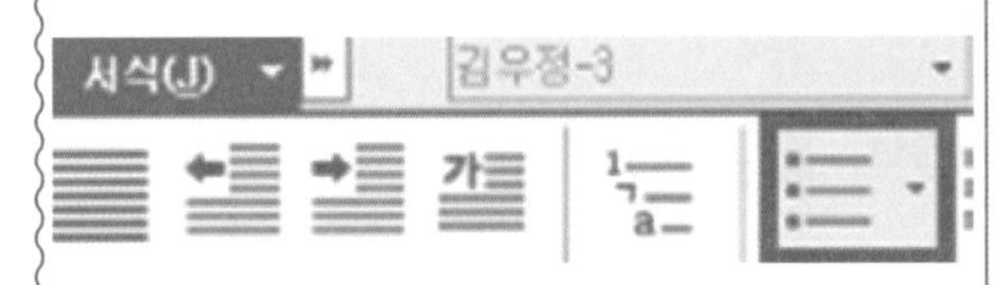

2번 위치에 있는 3개의 문단을 블록으로 만든 후 '서식'-'글머리표'를 선택합니다. 문단의 첫 칸에 '●' 기호가 나타납니다.

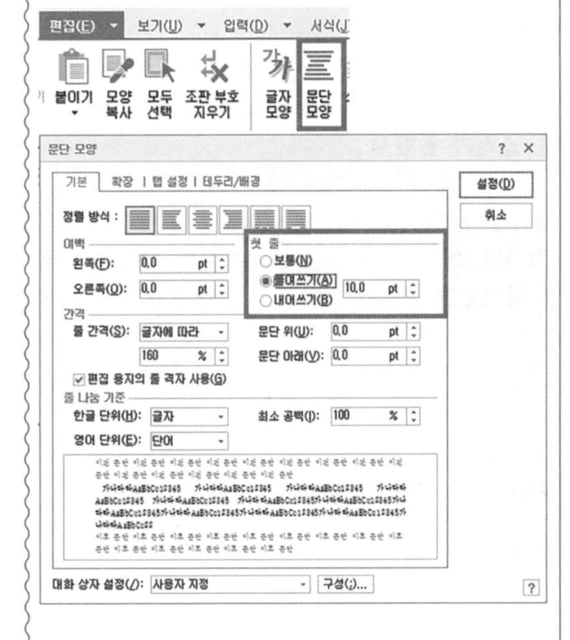

3번 위치에서 '편집'-'문단 모양'을 선택하면 '문단 모양'을 정하는 팝업창이 뜹니다.

첫 줄의 '들여쓰기'를 선택하고 들여쓰기 할 크기를 문단에 맞게 숫자를 넣습니다.

4번 위치에서는 첫 줄의 '내어쓰기'를 선택하고 숫자를 고칩니다

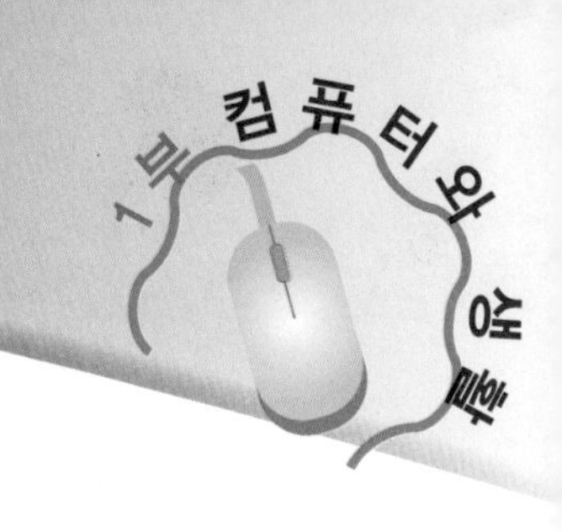

활동 2

글자나 문단의 모양을 복사해 봅시다

글자나 문단의 모양을 똑같이 만들 때 단축키를 사용하면 매우 편리합니다. 글자나 문단의 모양을 복사하는 단축키는 Alt+C입니다. 블록이 없는 상태에서 Alt+C를 누르면 글자나 문단 모양을 기억하고 블록을 만든 후 Alt+C를 누르면 기억하고 있는 글자나 문단 모양으로 바꾸어 줍니다.

♠ 문단 모양 복사하기

- 3번 문단에 커서를 놓고 Alt+C를 누른 후 '문단 모양'을 선택하고 '복사'를 합니다. 그러면 3번의 문단 모양이 기억됩니다.
- 5번 문단의 일부를 블록으로 만든 후 Alt+C를 누르면 5번 문단도 3번 문단과 같이 바뀝니다.

♠ 글자 모양 복사하기

극본에 '때', '곳', '나오는 인물', '호랑이'는 글자 모양이 고딕체입니다.

– 블록으로 만든 후 '서식 도구 상자'에서 글꼴을 고딕체로 선택하면 글자모양이 고딕체로 바뀝니다.

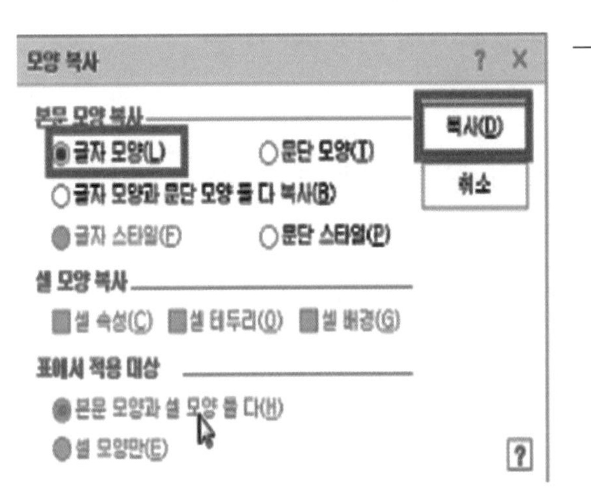

– 커서를 '고딕체' 글자에 두고 Alt+C를 눌러서 '글자 모양'을 선택하고 '복사'를 하면 '고딕체' 글자 모양을 기억하게 됩니다.

– 고딕체로 만들 글자를 블록으로 만든 후 Alt+C를 눌러 보세요. 블록으로 되어 있는 글자들이 고딕체로 바뀝니다.

학습정리

- 문단에 따라 양쪽 정렬, 가운데 정렬, 내어쓰기, 들여쓰기를 할 수 있습니다.
- 단축키 Alt+C를 사용하면 글자나 문단 모양을 빠르게 복사할 수 있습니다.

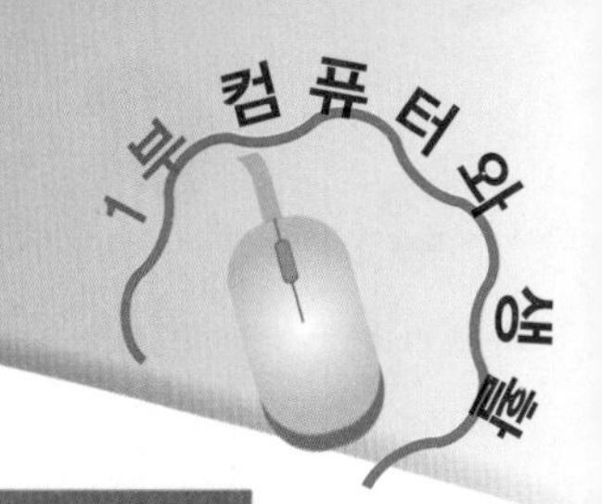

6 꽃이 피어났어요

들어가며

- 도화지에 그린 그림을 고치려면 지워지지 않아 고치기 힘듭니다. 컴퓨터에 있는 그림판으로 그림을 그리면 고치기 쉽습니다.
- 크레파스로 같은 모양을 여러 개 그리려면 어렵습니다. 그림판으로는 같은 그림을 쉽게 그릴 수 있습니다.

크레파스로 위의 그림을 그리는 아이

컴퓨터로 위의 그림을 그리는 아이

그림 소프트웨어는 여러 종류가 있습니다. 컴퓨터에 기본으로 들어있는 '그림판' 소프트웨어도 간단한 그림을 그릴 때에는 매우 편리합니다. 꽃 하나를 여러 개 복사하여 꽃밭을 만들어 봅니다.

배워볼 내용

- 그림판을 실행하고 사용할 수 있다.
- 복사 기능을 이용하여 여러 개의 도형을 그릴 수 있다.
- 그림판의 그림을 컴퓨터에 저장할 수 있다.

* 그림판 실행하기: 시작 – 모든 프로그램 – 보조 프로그램 – 그림판

* 그림판을 실행하면 다음의 창이 나옵니다.

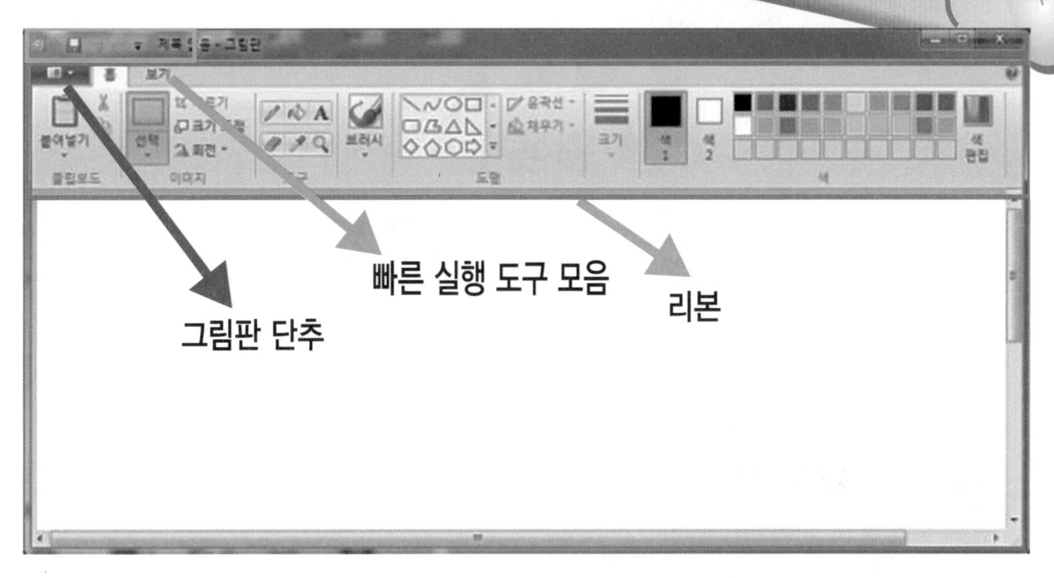

리본은 7개의 구역으로 나누어져 있고 다음과 같은 작업을 합니다.

<table>
<tr><th>구역 이름</th><th colspan="9">작 업 내 용</th></tr>
<tr><td>클립보드</td><td colspan="9">선택된 부분을 복사, 잘라내기, 붙여넣기</td></tr>
<tr><td>이미지</td><td colspan="9">그림판의 일부를 선택하여 자르기, 크기 조정, 회전, 복사</td></tr>
<tr><td>도 구</td><td colspan="9">연필, 색 채우기, 글자넣기, 지우개, 색 선택, 돋보기</td></tr>
<tr><td rowspan="2">브러시
브러시</td><td colspan="9"></td></tr>
<tr><td>브러시</td><td>붓글씨1</td><td>붓글씨2</td><td>에어</td><td>유화</td><td>크레용</td><td>마커</td><td>연필</td><td>수채화</td></tr>
<tr><td>도 형</td><td colspan="9">여러 종류의 도형에서 필요한 것을 선택하고 윤곽선(테두리)과 안쪽 채우기 방법을 정한다.</td></tr>
<tr><td>크 기</td><td colspan="9">선의 굵기를 지정한다.</td></tr>
<tr><td>색</td><td colspan="9">색을 지정한다. 색1은 왼쪽 마우스, 색2는 오른쪽 마우스</td></tr>
</table>

도형으로 그림을 그려 봅시다.

♠ 원하는 색을 선택하세요.

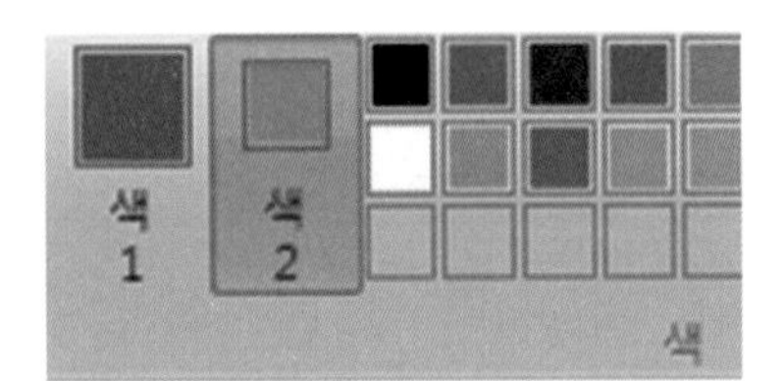

색1을 선택하고 색 그룹에서 빨강을, 색2를 선택하고 초록을 선택합니다.

♠ 직선을 그려 보세요.

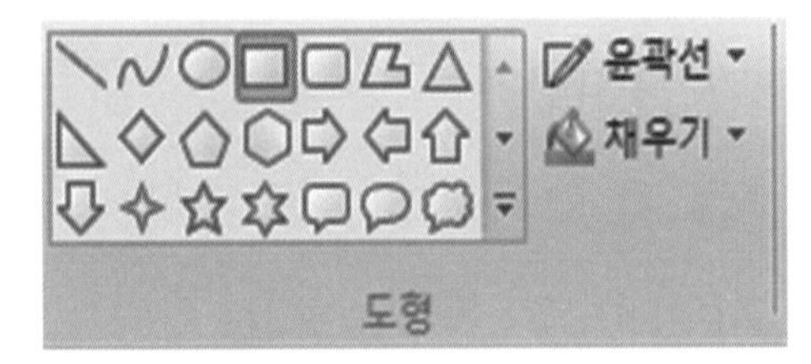

직선을 선택하고 마우스를 드래그하면 직선이 그려지는데 왼쪽 마우스는 색1로, 오른쪽 마우스는 색2로 그려집니다.

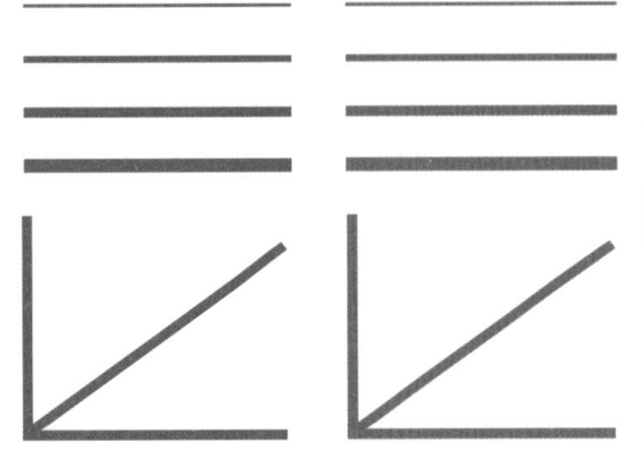

반듯한 직선을 그리려면 Shift 를 누르면서 드래그 합니다. Shift 를 누르면 수직선, 수평선, 대각선으로만 그려집니다. 크기에서 선의 굵기를 바꾸어 직선을 그려봅니다.

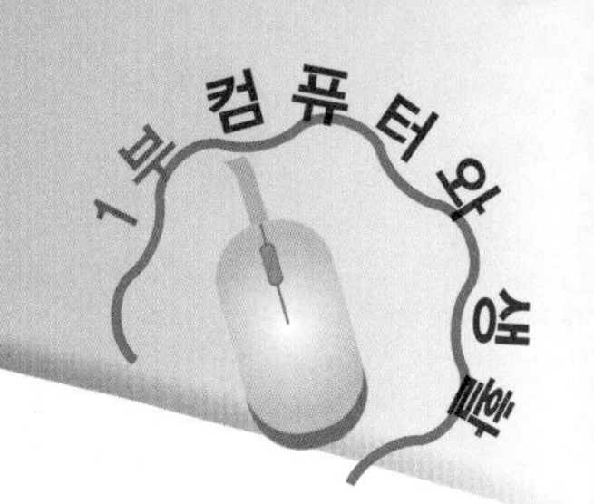

♠ 사각형을 그려보세요.

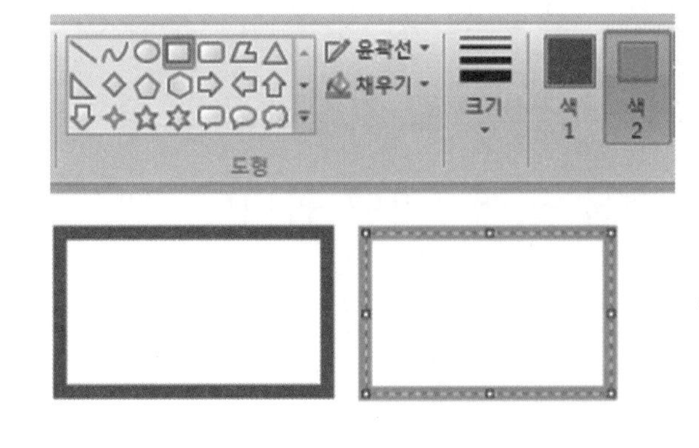

사각형을 선택하고 드래그 하면 사각형이 그려집니다. 왼쪽 마우스는 색1로, 오른쪽 마우스는 색2로 그립니다.

♠ 윤곽선과 채우기를 단색으로 직사각형을 그려 보세요.

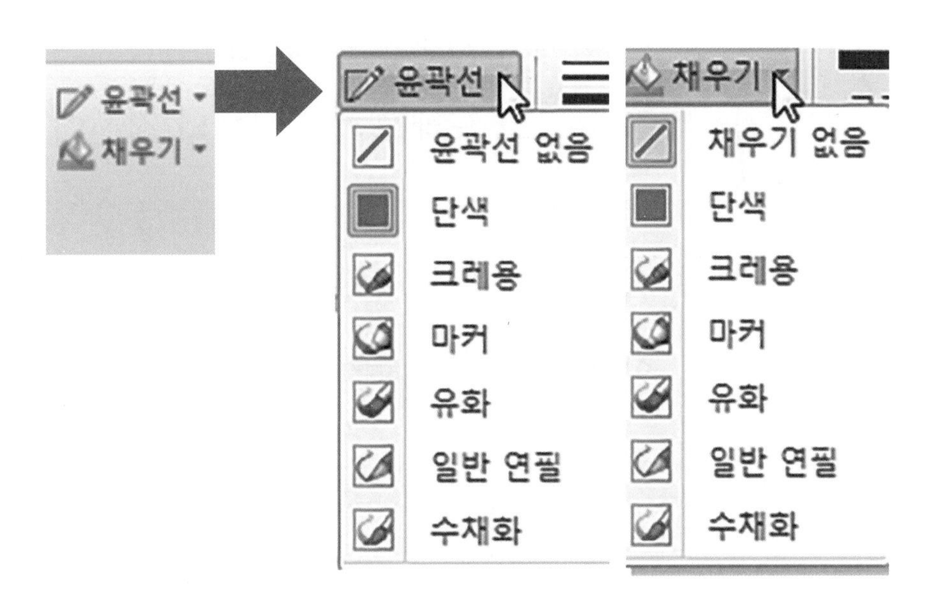

선으로 이루어진 도형은 윤곽선의 모양을 선택할 수 있습니다. 면으로 이루어진 도형은 윤곽선과 채우기의 모양을 선택할 수 있습니다.

색1은 빨강, 색2는 초록, 윤곽선과 채우기 종류는 단색으로 지정하고 도형에서 직사각형을 선택하고 마우스를 드래그하여 봅니다. 왼쪽 마우스와 오른쪽 마우스를 누를 때 도형의 색이 반대로 그려집니다.

♠ 곡선을 그려 보세요.

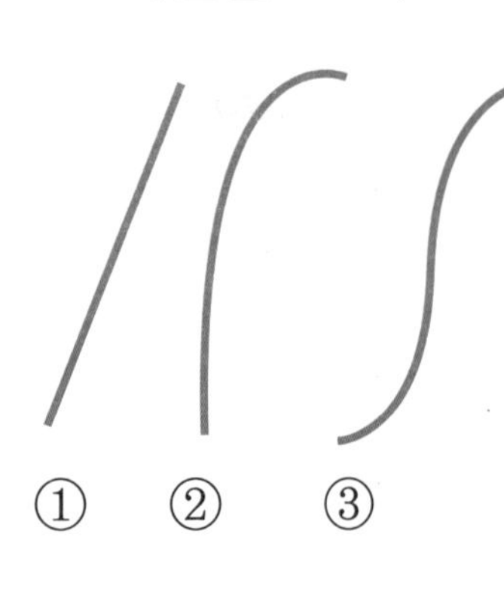

도형에서 ∼을 선택하고 왼쪽 마우스를 누르고 드래그하면 ①번의 직선이 그려집니다.

직선이 그려진 상태에서 드래그를 두 번 하여 곡선이 만들어집니다.

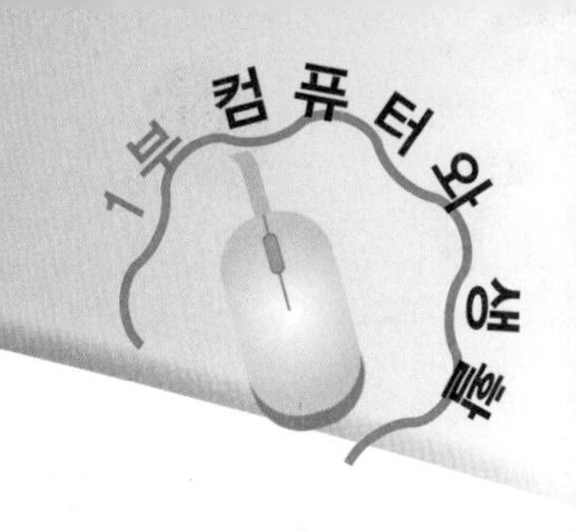

활동 2

도형으로 꽃밭을 만들어 봅시다.

♠ 도형으로 한송이 꽃을 만들어 보세요.

타원과 곡선으로 꽃을 만들어 봅니다. 색1은 검정, 색2는 흰색을 선택합니다. 타원과 곡선을 이용하여 꽃송이를 만듭니다.

직선이 그려진 상태에서 드래그를 두 번하여 곡선이 만들어집니다.

♠ 꽃을 여러 개 복사하여 보세요.

* 리본에서 '선택- 선택 영역 투명하게'를 선택합니다.
* '선택-사각형으로 선택'하여 꽃그림 영역을 드래그 한 후 복사합니다.
* 붙여넣기를 한 후 십자모양(✥)마우스 포인터를 드래그하여 원하는 곳으로 옮깁니다.

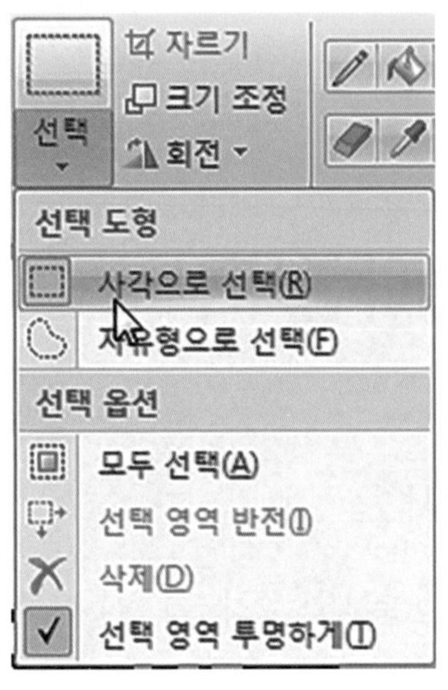

* 여러 번 붙여넣기를 하여 꽃밭을 만들어 봅니다.

♠ 실수를 하면 되돌리기를 합니다.

그림을 그리는 도중에 그린 부분이 마음에 들지 않으면 실행 취소를 선택하면 이전 모습으로 돌아갑니다.

♠ 꽃의 색깔을 칠합니다.

를 선택한 후 꽃잎 안을 클릭하면 색이 채워집니다. 왼쪽 마우스는 색1로, 오른쪽 마우스는 색2로 채워줍니다.

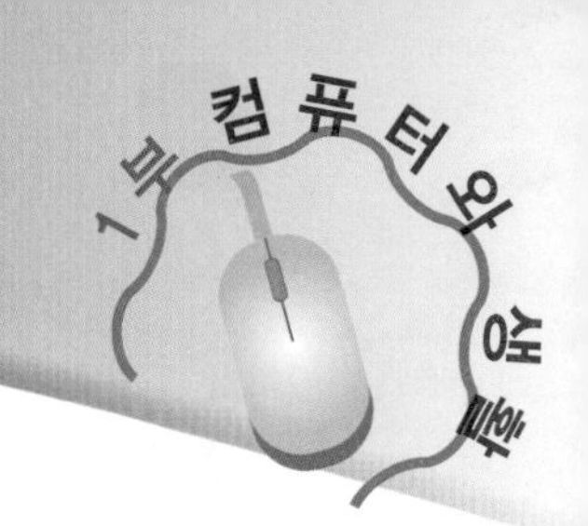

♠ 만든 그림을 컴퓨터에 저장합니다

빠른 실행 도구에서 디스켓( )을 선택하고 파일 이름을 "꽃그림"으로 저장합니다. 저장 할 때에는 어느 폴더에 저장하였는지 잘 알아둡니다.

♠ x 을 선택하여 그림판을 마칩니다

학습정리

- 그림판을 사용하여 여러 가지 그림을 그릴 수 있습니다.
- 그림의 일부분을 선택, 복사하여 붙여넣기를 하면 똑같은 모양을 많이 만들 수 있습니다.

7 뽀로로 그리기

들어가며

- 그림판에는 여러가지 도구들이 있습니다. 연필로 마음대로 선을 그릴 수 있으며 색 채우기는 눈 깜짝할 사이에 넓은 부분에 색을 칠해 줍니다.
- 크레파스는 사용할 수 있는 색의 종류가 정해져 있습니다. 그림판은 천만가지 이상의 색을 선택하여 사용할 수 있습니다.
- 바늘로 점을 찍어서 그린 그림을 보았나요? 그림판으로 뽀로로를 그려 봅니다.

그림판에는 6종류의 도구와 9종류의 브러시가 있습니다. 이 도구와 브러시를 이용하여 뽀로로를 그려봅니다. 그림을 그리는 데 편리하도록 화면을 확대하거나 축소를 하고 눈금자와 격자도 나타내어 그림을 그려봅니다.

배워볼 내용

- 여러 가지 도구의 쓰임을 알 수 있다.
- 브러시를 선택하여 그림을 그릴 수 있다.
- 그림 그리기에 알맞게 화면을 바꿀 수 있다.

	연 필	마우스를 누르는 동안 선을 그립니다. 왼쪽 마우스는 색1, 오른쪽 마우스는 색2로 그립니다.
	색 채우기	선으로 둘러싸인 부분을 한 가지 색으로 채웁니다. 왼쪽 마우스는 색1, 오른쪽 마우스는 색2로 채웁니다. 선이 끊어져 있으면 바깥 부분도 색을 채웁니다.
A	텍스트	글자를 씁니다.
	지우개	왼쪽 마우스를 누르면 색2로 지웁니다.
	색 선택	그리기 영역에서 색을 선택합니다. 왼쪽 마우스는 색1을, 오른쪽 마우스는 색2를 선택합니다.
	돋보기	왼쪽 마우스를 누르면 그림판이 커지고, 오른쪽 마우스를 누르면 그림판이 작아집니다.

♠ 텍스트를 선택하면 다음과 같이 탭이 나타나 글꼴, 글자 크기, 글자 모양, 색 등을 정할 수 있습니다.

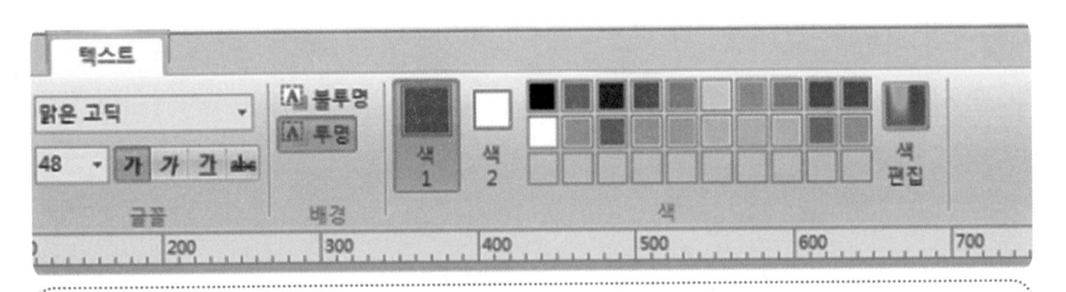

뽀로로를 그립니다.

♠ 텍브러시는 9종류가 있습니다.

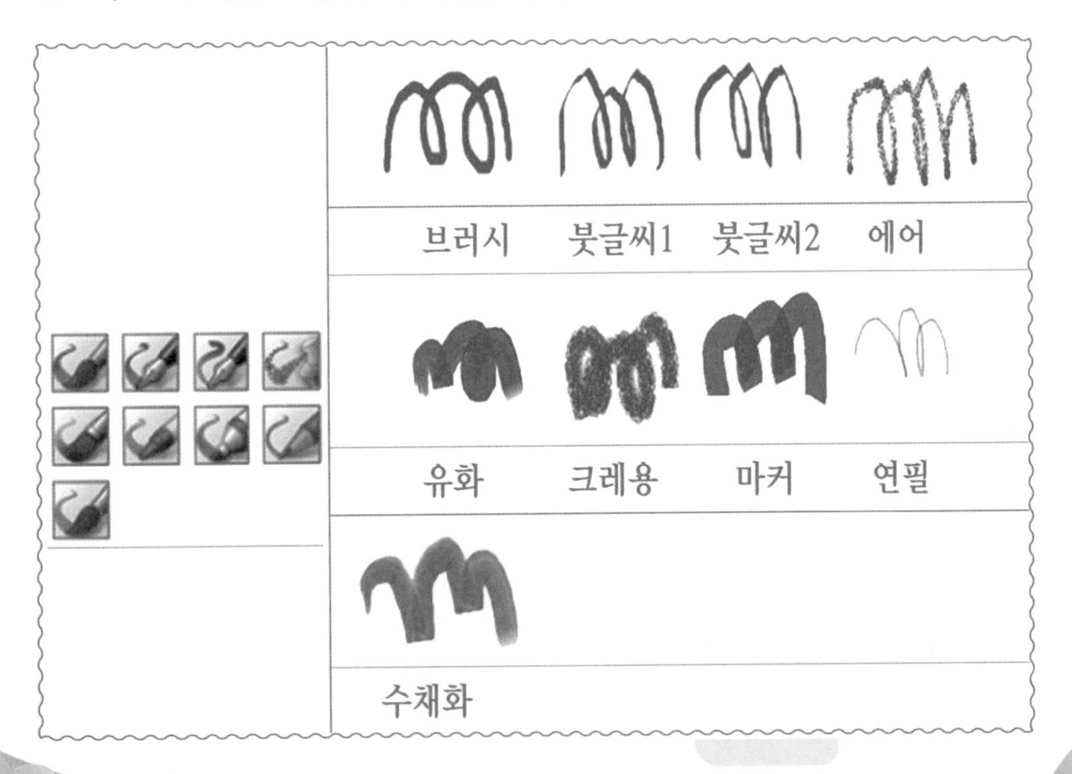

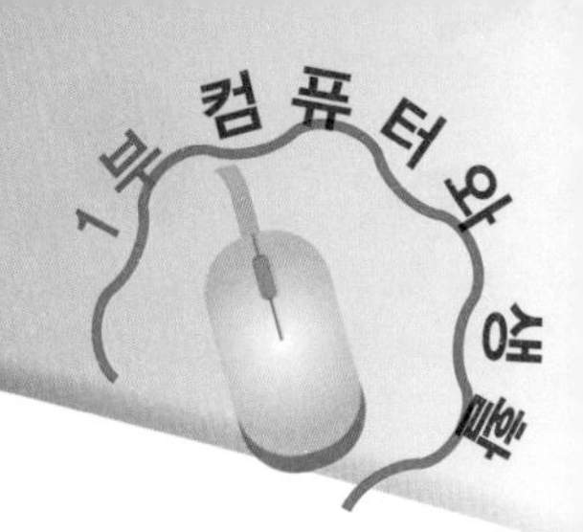

♠ '보기' 탭은 화면 확대/축소 등을 할 수 있습니다.

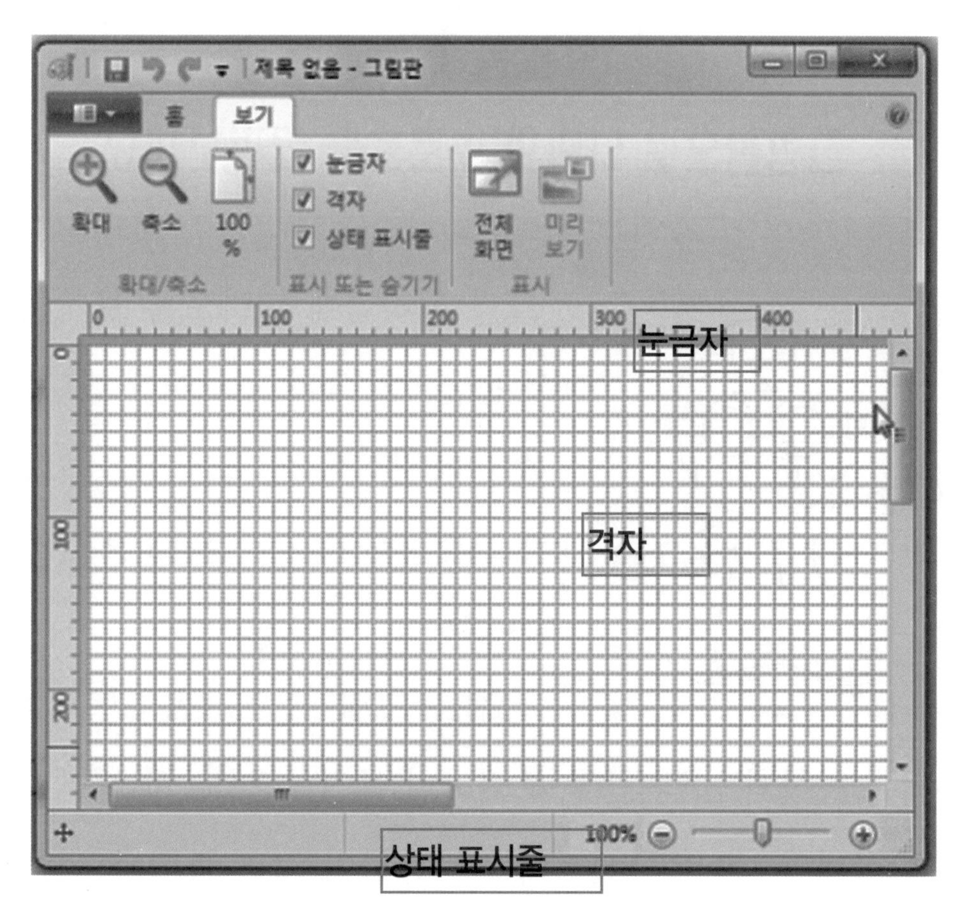

세밀한 그림을 그릴 때는 확대를 하고, 눈금자, 격자, 상태 표시줄을 나타내고 작업을 하면 편리합니다.

그림판으로 나만의 뽀로로를 그려보세요.

그림 그리기에 편하도록 보기 탭에서 눈금자와 격자를 보이게 합니다.

원, 타원, 직선, 오각형을 이용하여 스케치하고 모자 위에"P"를 입력합니다.

곡선을 그릴 때 직선을 그린 후 구부리는 방향과 거리를 잘 조절하면 복잡한 선도 한 번에 그릴 수 있습니다. 손은 곡선 3개를 이용하여 그려 봅니다.

색 채우기를 할 때 끊긴 부분이 있으면 바깥에도 색이 칠해집니다. 이 때 확대를 하여 끊긴 부분은 연필도구로 이어줍니다. 여러 가지 색을 사용하려면 "색 편집"에서 "사용자 지정색에 추가"를 합니다.

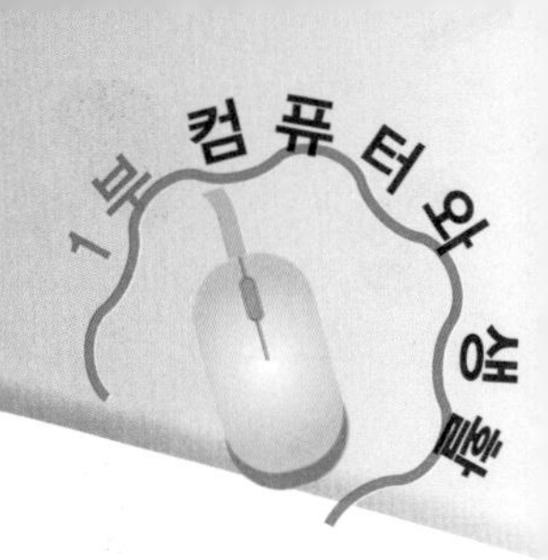

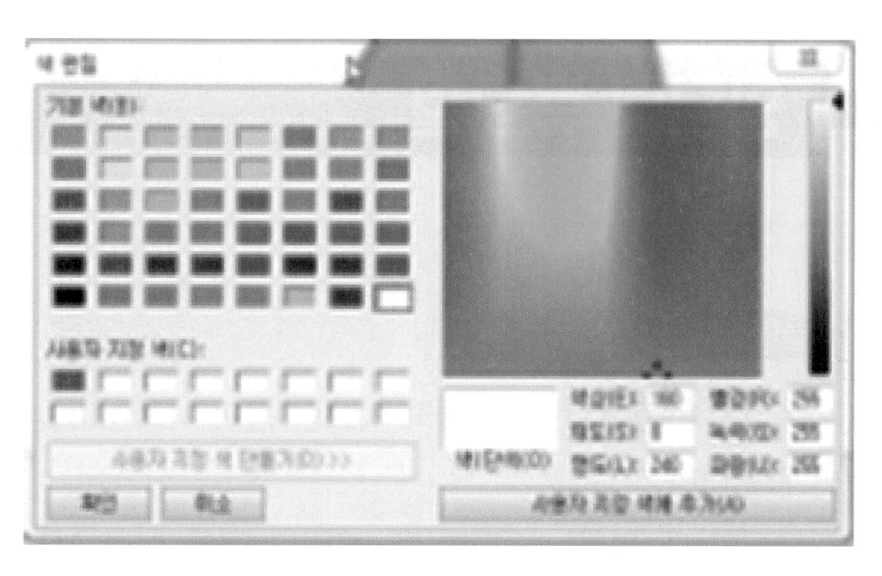

색 채우기로 완성합니다.

학습정리

- 그림판의 여러 가지 도구를 이용하면 그림을 쉽게 그릴 수 있습니다.
- 그림판에서는 많은 색을 이용하여 그릴 수 있습니다.

8 인터넷 휴요일

들어가며

- 설탕은 음식을 맛있게 하지만 많이 먹으면 몸이 나빠지고 병에 걸리게 됩니다.
- 음식을 요리할 때 불을 사용합니다. 그러나 불을 잘못 사용하면 집이 불타고 사람도 죽게 됩니다.
- 컴퓨터는 우리 생활에 꼭 필요한 도구이지만 게임을 많이 하면 몸도 아프고 공부가 하기 싫어집니다. 약속한 시간만 컴퓨터를 사용하여 건강한 어린이가 되도록 합니다.

컴퓨터로 공부를 할 수 있으며 모르는 것을 쉽게 찾기도 하고 엄마 아빠는 인터넷으로 물건을 사기도 합니다. 정보 사회가 될수록 컴퓨터의 사용이 늘어갑니다. 그러나 컴퓨터 게임 등에 빠지면 우리 생활이 힘들게 됩니다. 컴퓨터는 어떻게 사용해야 하는지 알아봅니다.

배워볼 내용

- 인터넷을 많이 사용할 때 나쁜 점을 알 수 있다.
- 인터넷을 바르게 사용하는 방법을 알 수 있다.
- 인터넷 휴요일에 대하여 이해하고 실천할 수 있다.

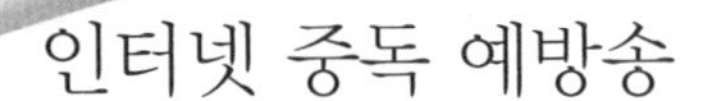

인터넷 중독 예방송

(http://www.iapc.or.kr/cnt/contents_upload/100/43.swf)

을 시청하고 다음 그림에서 인터넷을 많이 사용할 때의 원인과 결과에 대하여 이야기하여 보세요.

부모님 몰래 밤새도록 게임을 한다.	언제나 게임 생각을 하고 틈만 나면 채팅하고 게임을 한다.

눈이 아프고 허리가 아프며 몸이 약해진다.	공부에 힘을 쓰지 않아 성적이 뚝뚝 떨어진다.

지식충전

- 인터넷 중독은 인터넷을 많이 사용하는 증상입니다.
- 인터넷에 중독되면 건강을 해치고 학교생활이 힘들어집니다.

활동 1

인터넷 휴요일 프로그램에 대하여 알아봅시다.

인터넷 休(휴)요일 프로그램 동영상을 시청하고 다음에 대하여 이야기하고 느낀 점을 써 보세요.

(http://www.iapc.or.kr/cnt/contents_upload/94/swf_23.swf)

너 눈이 또 빨간거 보니까 어제 늦게까지 겜했지?

내 올해 목표는 메신저 친구 500명을 채우는 거야.

저는 서로 컴퓨터를 하겠다고 동생하고 매일 싸워요.	학원도 빠뜨린 적이 있고, 엄마한테 혼난적도 많아요.

※ 다음 그림을 보고 인터넷 휴요일이 무엇인지 적어 보세요.

인터넷 휴요일이란?

※ 인터넷 휴요일 프로그램을 실천하는 방법을 찾아 보세요.

바로 약속이야. 우리 각자가 집으로 돌아가서 컴퓨터에 이 스티커를 붙이고,

선생님 앞에서 약속하는 거지. 그리고 다같이 인터넷 휴요일 사용수첩을~

작성하면 올바른 인터넷 사용 습관을 들일 수 있을거야.

어제는 인터넷 휴요일 일기도 쓰고 점차 인터넷 중독에서 벗어날 수 있었어.

인터넷 휴요일 활동으로 알맞은 것을 골라서 실천하여 봅니다.

친구들과 운동장에서 운동하기	도서관에서 책읽기

취미 활동하기	엄마일 도와 드리기

※ 자신에게 휴요일 활동으로 알맞은 것을 찾아 써보고 친구들과 이야기하여 보세요.

학습정리

인터넷 休(휴)요일 프로그램이란 본인 스스로 일주일에 하루를 '인터넷을 사용하지 않는 날'로 정하여 인터넷을 하지 않고 다른 활동을 하는 프로그램입니다.

소프트웨어 코딩 기초교육

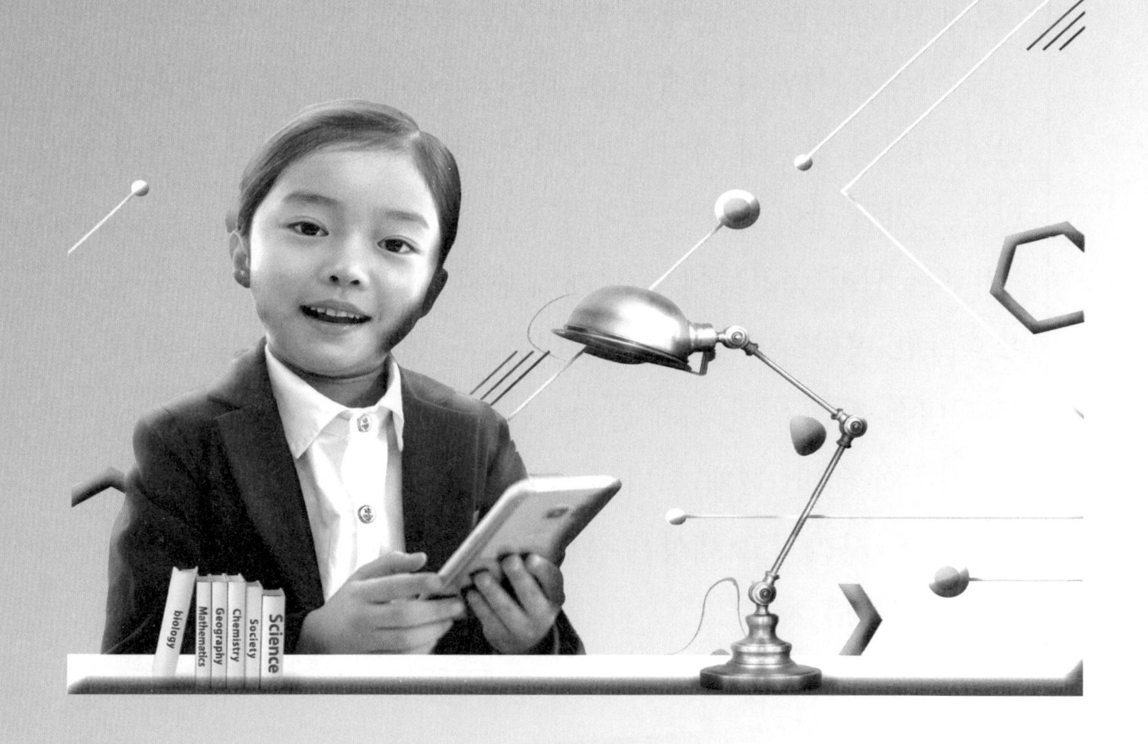

9 하노이 탑(알고리즘)

들어가며

- 하노이 탑은 1883년 프랑스의 수학자 루카스가 생각해 낸 퍼즐의 일종입니다.
- 하노이 탑 퍼즐은 브라만 탑의 전설에서 유래된 것으로 보입니다.

브라만 탑의 전설

고대 인도의 한 사원에는 신이 만들었다고 하는 3개의 다이아몬드 막대가 세워져 있습니다. 하나의 막대에는 64개의 순금 원반이 끼워져 있는데 가장 큰 원반이 바닥에 놓여 있고 나머지 원반들은 점점 작아지면서 꼭대기까지 쌓여 있습니다.

하루는 신이 승려들에게 64개의 순금 원반을 다른 막대로 옮겨 놓으라고 명령하였습니다. "원반은 한 번에 하나씩 옮겨야하고 큰 원반을 작은 원반 위에 올려서는 안된다."

전설속의 원반 64개가 다른 막대로 모두 옮겨졌을 때 탑과 승려는 모두 사라지고 세상은 종말을 맞이하게 된다고 전해집니다.

[출처: www.wikipedia.org]

[루카스]

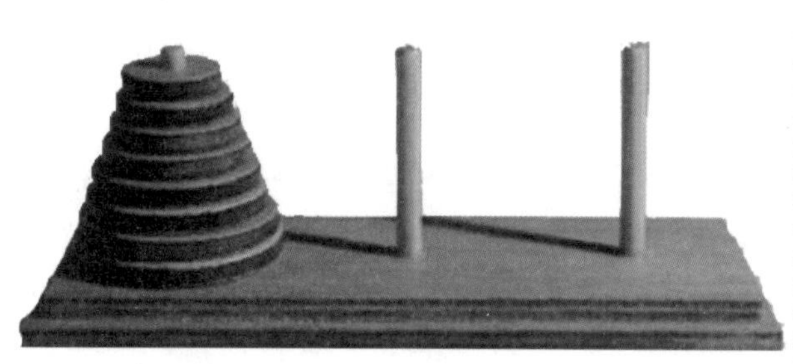
[루카스의 하노이 탑]

루카스의 하노이 탑은 3개의 기둥 중에서 하나의 기둥에 8개의 원반이 쌓여 있는 구조물 퍼즐입니다. 원반이 쌓여 있는 기둥에는 가장 큰 원반이 맨 밑에 있고 위로 갈수록 작은 원반이 쌓여져 있습니다.

※ 하노이 탑을 쌓는 규칙은 다음과 같습니다.

1) 원반은 한 번에 하나씩만 옮길 수 있다.
2) 원반의 크기가 큰 것은 작은 원반의 위에 올릴 수 없다.
3) 원반을 옮길 때에는 각 기둥의 맨 위에 있는 원반만 움직일 수 있다.

어떻게 하면 원반 8개를 모두 원반이 없는 기둥으로 옮길 수 있을까요?

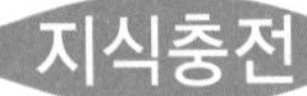

- 하노이 탑: 프랑스의 수학자 루카스가 1883년에 고안한 일종의 퍼즐 구조입니다. 루카스가 만든 하노이 탑은 3개의 기둥 중에서 하나의 기둥에 8개의 원반이 쌓여 있는 퍼즐입니다.
- 하노이 탑 쌓기의 핵심 규칙: 원반은 한 번에 하나씩만 옮길 수 있으며 크기가 큰 원반은 작은 원반 위에 올릴 수 없습니다.

배워볼 내용

- 하노이 탑 쌓기 규칙을 이해할 수 있습니다.
- 하노이 탑의 원반이 2개일 때 옮기는 방법을 알 수 있습니다.

하노이 탑의 쌓기 규칙에 따라 다음 하노이 탑을 첫 번째 기둥에서 세 번째 기둥으로 옮겨봅시다.

1. 원반이 한 개일 경우는 다음과 같은 순서로 옮길 수 있습니다.

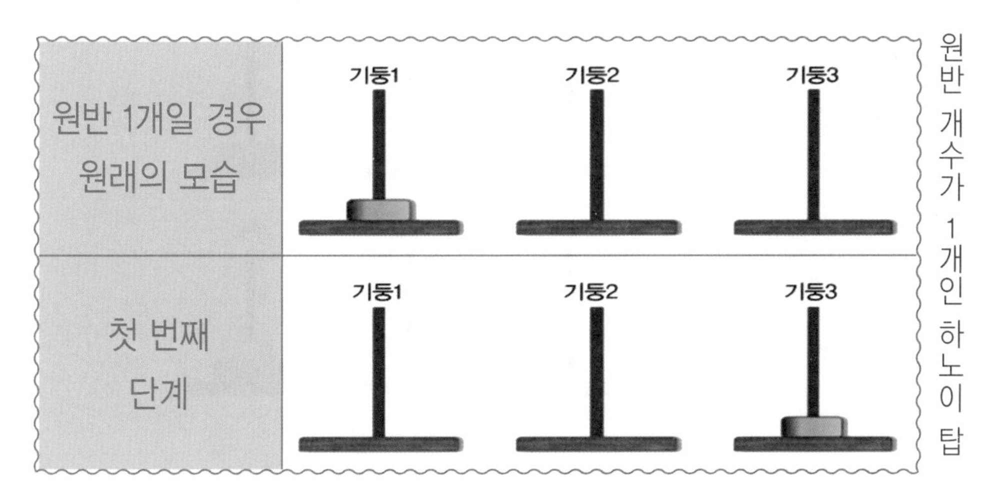

원반 개수가 1개인 하노이 탑

원반이 한 개일 경우는 옮기는 방법이 매우 간단합니다.

기둥1에 있던 원반을 꺼내어 기둥3에 넣으면 됩니다.

그럼 원반이 두 개인 경우는 하노이 탑을 어떤 방법으로 옮겨야 할까요? 머릿속으로 한 번 생각하고 그림으로 그려봅시다. 혹시 하노이 탑이 준비됐다면 두 개의 원반을 생각한대로 세 번째 기둥으로 직접 옮겨봅시다.

2. 원반이 두 개일 경우는 다음과 같은 순서로 옮길 수 있습니다.

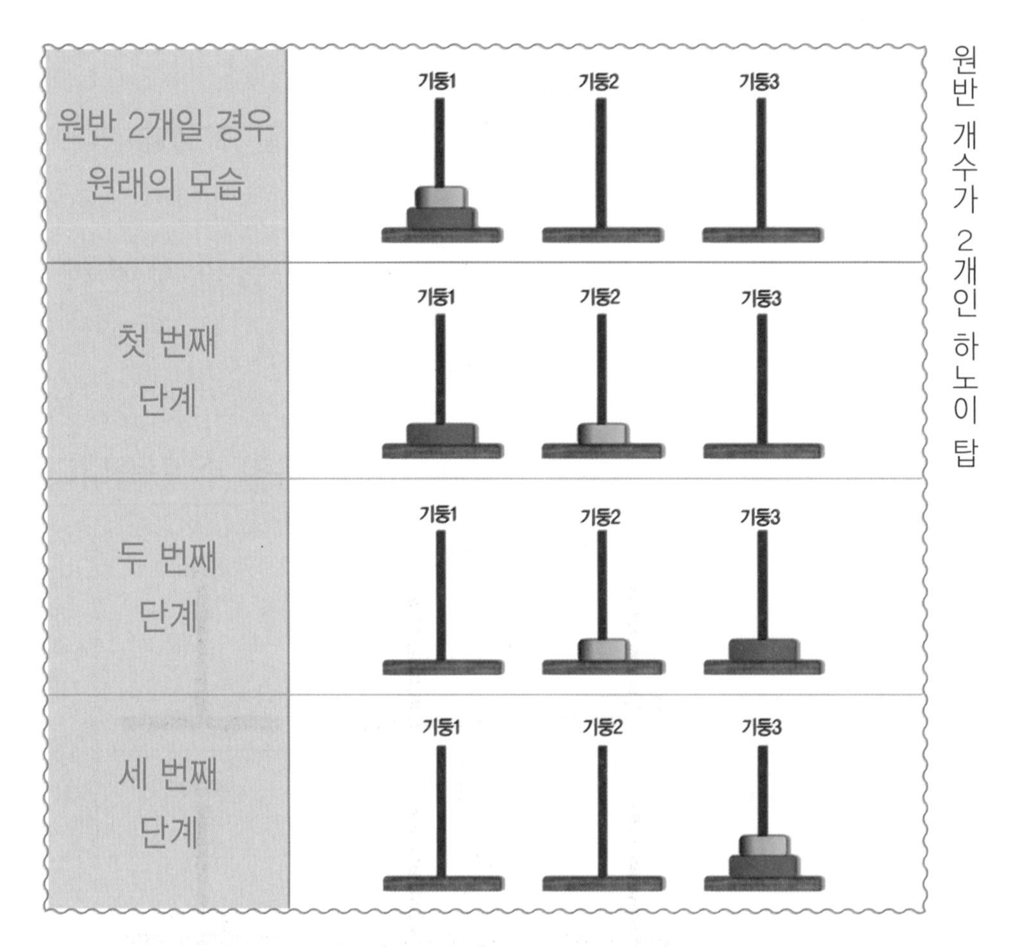

원반 개수가 2개인 하노이 탑

첫 번째 단계에서 작은 원반을 기둥2로 이동시킵니다.

두 번째 단계에서 큰 원반을 기둥3으로 이동시킵니다.

세 번째 단계에서는 기둥2에 있는 작은 원반을 기둥3의 위에 올려놓습니다.

원반 두 개를 옮기는 데에는 모두 세 번의 이동 작업이 필요합니다.

활동 1

원반 세 개를 옮겨 볼까요?

기둥1의 원반 세 개를 어떻게 하면 기둥3으로 옮길 수 있을지 생각해보고 그림으로 그려봅시다. 하노이 탑이 준비됐다면 직접 사용해보고 활동 후에는 여러분의 생각을 조원들끼리 이야기해 봅시다. [힌트 : 7단계로 이루어짐]

	기둥1	기둥2	기둥3
원반 3개의 하노이 탑			
첫 번째 단계			
두 번째 단계			

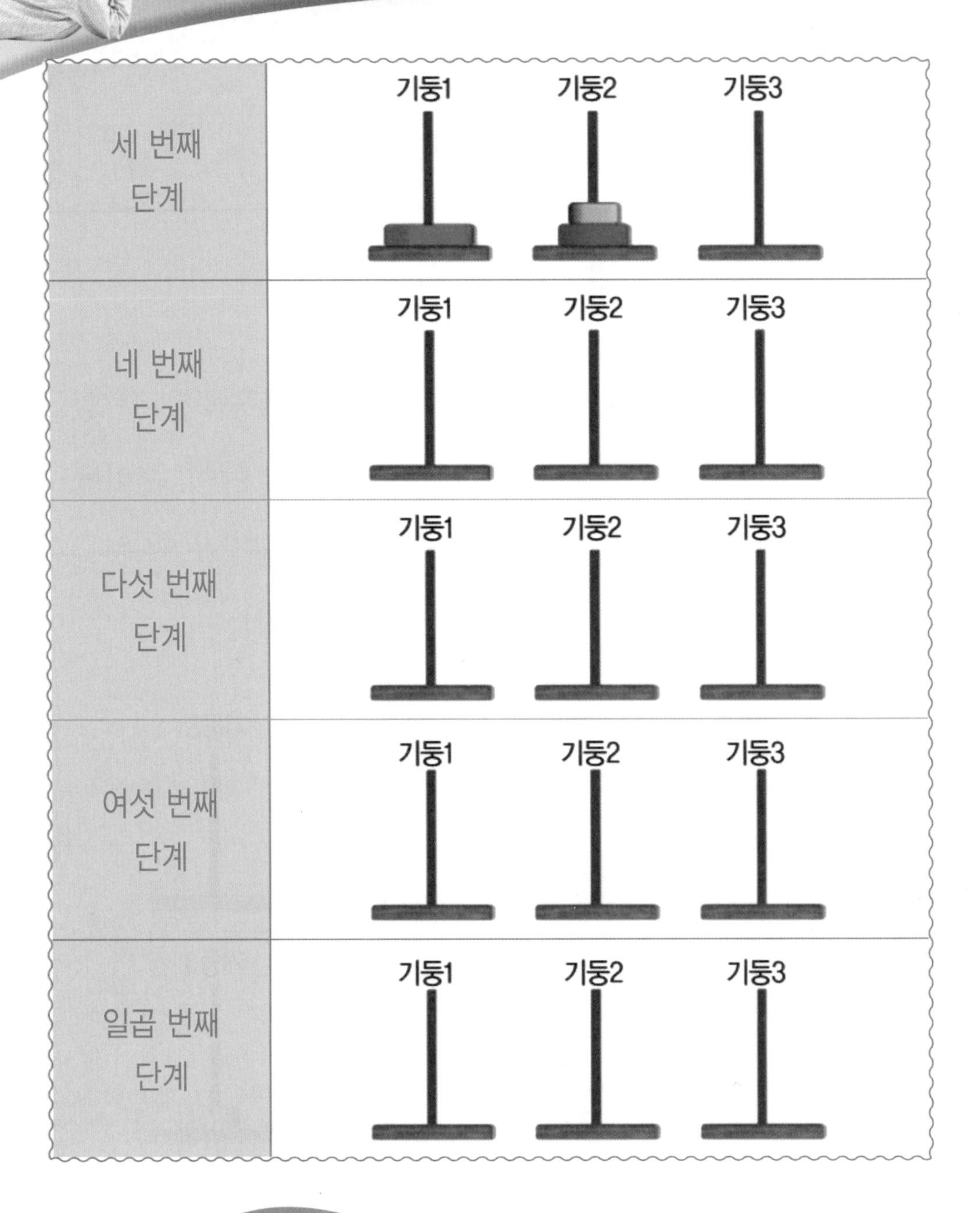

학습정리

하노이 탑의 쌓기 규칙은 작은 원반 위에 큰 원반을 올려놓을 수 없으며 한 번에 하나의 원반을 이동한다는 것입니다.

10 컴퓨터는 우리보다 숫자를 잘 모르나봐요

들어가며

- 컴퓨터를 통해 재생되는 영화나 음악은 어떤 형태로 컴퓨터에 저장되어 있을까요?
- 컴퓨터는 우리가 알고 있는 10진수 체계를 사용할까요?

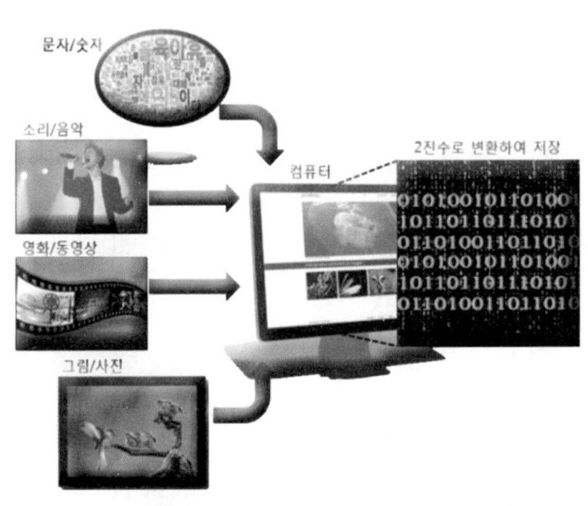

《컴퓨터의 자료 저장 방법》

우리가 컴퓨터에 입력하는 문자, 사진, 음악, 동영상 등의 멀티미디어 자료들은 원본 상태 그대로 입력되는 것이 아니라 컴퓨터가 처리하기 쉬운 형태로 바뀌어 저장됩니다. 저장된 정보를 모니터로 보거나 인쇄할 때에는 저장되기 전의 원래 형태로 컴퓨터가 복원하여 출력하게 됩니다.

컴퓨터에게 궁금한 질문

1) 컴퓨터가 처리하기 쉬운 자료 형태는 무엇일까요?

: 2진수입니다.

2) 컴퓨터는 왜 우리가 배워서 알기 쉬운 10진수가 아닌 2진수를 사용하는 것일까요? 10진수는 잘 모르고 구조가 간단한 2진수가 쉽기 때문일까요?

: 컴퓨터는 전자기계인데 2진수는 전기로 표현하기 쉽습니다. 2진수는 전기가 흐르면 1, 흐르지 않으면 0으로 간단히 인식할 수 있습니다.

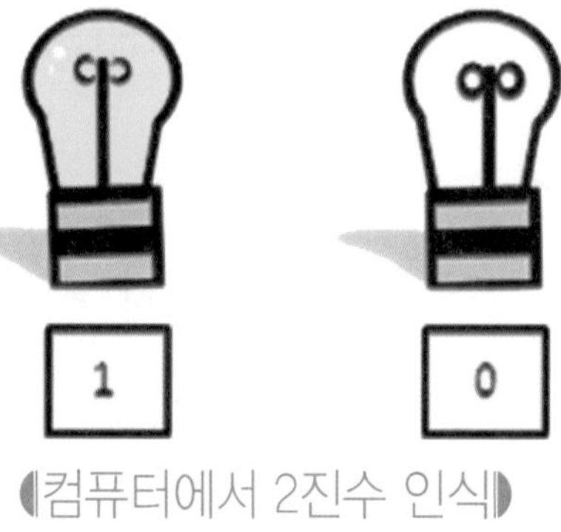

《컴퓨터에서 2진수 인식》

그러나 10진수는 전기의 볼트 단위를 열 단계로 나눈 다음 전기를 흐르게 하여 숫자를 처리해야 합니다. 이렇게 하면 오류 발생 가능성이 높아집니다. 예를 들어, 3볼트는 3, 4볼트는 4로 인식한다고 할 때 어떤 원인으로 3.5볼트의 전류가 발생했을 경우에는 이것을 3으로 인식할지 4로 인식할지 컴퓨터의 판단이 어려워지게 됩니다. 따라서 컴퓨터는 대부분 0, 1의 숫자 체계인 2진수만 처리하도록 하고 있습니다.

지식충전

- 2진수: 0, 1 두 가지 수로만 나타내는 숫자 체계를 의미합니다. 주로 컴퓨터에서 자료처리를 할 때 사용합니다.
- 10진수: 우리가 학교 수업에서 배우고 있는 숫자 체계가 10진수입니다. 10진수는 0~9(0, 1, 2, 3, 4, 5, 6, 7, 8, 9)까지 열 개의 수로 나타내는 숫자 체계를 뜻합니다.

배워볼 내용

- 카드를 이용하여 2진수 체계의 기본을 이해할 수 있습니다.
- 간단한 10진수를 2진수로 변환하여 나타낼 수 있습니다.
- 2진수 카드를 보면서 10진수로 변환할 수 있습니다.

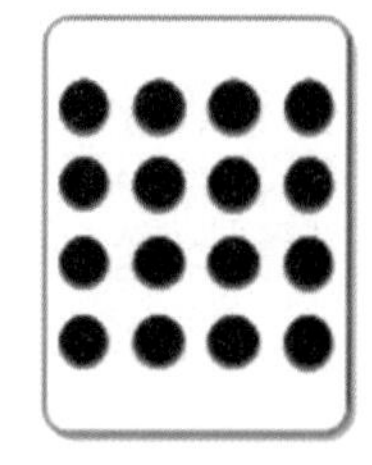
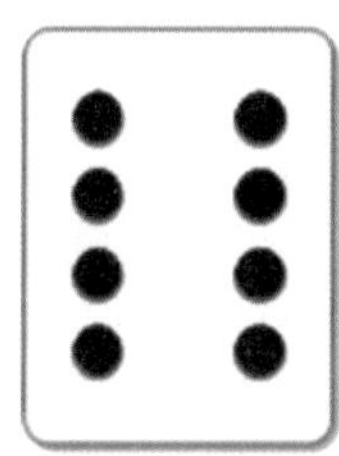
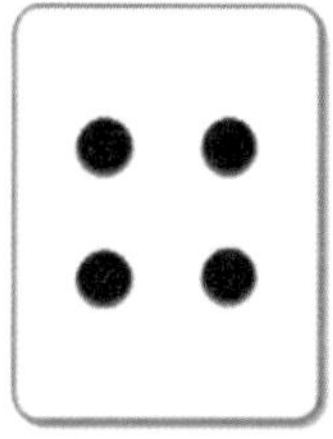
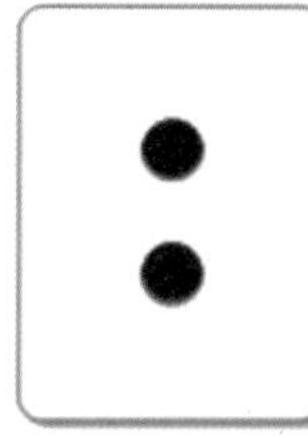

《점 숫자 카드》

[점 숫자 카드]는 그 안에 그려진 점의 개수만큼 수를 의미합니다. 따라서 카드의 왼쪽부터 16, 8, 4, 2, 1을 나타내고 있고 이것을 이용하면 0부터 31까지의 숫자를 표현할 수 있습니다.

아래 점 숫자 카드에서 전구에 불이 들어온 숫자를 모두 더하면 어떤 숫자를 나타낼까요?

《점 숫자 카드와 전구로 숫자 표현하기》

점 숫자 카드에 전원 연결					표현하는 수
16	8	4	2	1	5
16	8	4	2	1	(　　)

이번에는 전구를 이용하지 않고 사용하지 않는 카드를 뒤집어서 숫자를 표현해 보겠습니다. 표현한 숫자가 무엇인지 알아봅시다.

《사용하지 않는 카드 뒤집기》

점 숫자 카드 뒤집기	표현하는 수
	11
	( )
	( )
	7
	( )
	( )

점 숫자 카드를 2진수로 바꾸어 볼까요?

뒤집은 카드는 0으로 표기하고 뒤집지 않은 것을 1로 표현하면 숫자 카드를 2진수로 나타낼 수 있습니다. 아래 2진수 00111은 숫자 7을 의미합니다.

《카드를 2진수로 표현》

0	0	1	1	1	표현하는 수	7
					2진수	00111

※ 다음 점 숫자 카드가 표현하는 수와 2진수를 빈 칸에 적어 봅시다.

구분	답
표현하는 수	14
2진수	( )
표현하는 수	( )
2진수	( )
표현하는 수	( )
2진수	( )
표현하는 수	( )
2진수	( )

숫자를 점 숫자 카드와 2진수로 바꾸어 볼까요?

다음 숫자를 점 카드와 2진수로 바꾸어 표현하여 봅시다.

뒤집을 2진수 카드는 X표로 간단히 표시하세요.

표현하는 수	2진수
1	00001
3	00011
8	(　　)
18	(　　)

들어가며

- 컴퓨터는 문자, 사진, 음악, 동영상 등 자료를 2진수로 변환하여 저장한 다음 필요할 때에 원본 자료로 복원하여 출력해 줍니다.
- 2진수는 0, 1 두 개의 수를 사용하는 숫자 체계입니다.

11 컴퓨터는 그림을 어떻게 저장할까요

들어가며

- 여러분은 어떤 경우에 멀티미디어 자료(문자, 사진, 음악, 동영상)를 컴퓨터에 저장하나요?
- 컴퓨터는 숫자만 다룰 수 있다고 들었는데 컴퓨터에 그림을 저장할 때에는 어떻게 처리할까요?

컴퓨터 모니터는 픽셀이라는 작은 점의 격자로 세분화되어 있습니다. 픽셀의 수가 적어질수록 화면은 부드럽지 않고 작은 격자에서 큰 격자 모양으로 바뀌게 됩니다.

《픽셀 수 감소에 따른 이미지 변화》

픽셀 수를 많이 줄여서 저장하면 이미지가 많이 손상되지만 파일 크기는 작아지게 됩니다. 반대로 픽셀 수를 충분히 하여 원본과 비슷하게 저장하면 이미지의 손상은 별로 없지만 파일 크기는 커지게 됩니다.

컴퓨터나 팩스가 실제 이미지를 저장하거나 전송할 때에는 숫자 형식으로 변환시켜 처리합니다. 그럼 어떻게 숫자 형식으로 변환시킬까요?

배워볼 내용

- 간단한 픽셀 이미지를 숫자 코드로 변환시킬 수 있습니다.
- 숫자 코드를 보면서 원래 이미지로 복원시킬 수 있습니다.
- 픽셀의 의미를 이해할 수 있습니다.

팩스에 자료를 넣고 전송할 때, 보내는 쪽의 팩스에 넣은 자료는 이미지 형식으로 인식되고 숫자 코드로 바꾸어 전송하게 됩니다. 반면 팩스를 받는 쪽에서는 받은 숫자 코드를 다시 이미지로 변환시켜 출력하게 됩니다.

《픽셀 이미지와 숫자 코드》

[픽셀 이미지와 숫자 코드]의 숫자 코드는 하얀 픽셀의 개수, 검은 픽셀의 개수 순으로 숫자를 나열하는 방식입니다.

첫 번째 줄에서 하얀 픽셀의 수는 6개이므로 6이고 검은 픽셀의 수는 없기 때문에 코드는 그냥 6이 되었습니다.

세 번째 줄에서 하얀 픽셀의 수는 3개, 검은 픽셀의 수는 2개, 하얀 픽셀이 1개가 있어서 코드는 3, 2, 1이 됩니다.

다섯 번째 줄에서 하얀 픽셀이 1개, 검은 픽셀이 1개, 하얀 픽셀 2개, 검은 픽셀 1개, 하얀 픽셀이 1개로 전체 코드는 1, 1, 2, 1, 1이 되었습니다.

다음의 고양이 픽셀 이미지를 숫자 코드로 나타내 봅시다.

픽셀 이미지	숫자 코드로 변환
	1, 1, 2, 1, 3
	1, 4, 1, 1, 1
	________
	________
	________
	________
	________
	0, 5, 2, 1
	________
	________
	________

지식충전

- 팩스(fax): 전화선을 이용하여 이미지를 전송하는 전자 제품을 말합니다. 원래 팩시밀리(facsimile)에서 준말인데 한국에서는 팩시밀리보다는 팩스라는 단어로 많이 사용하고 있습니다.[출처: www.namu.wiki]
- 픽셀(pixel): Picture Element의 앞 문자들을 따서 만든 단어로 화소라고도 부릅니다. 픽셀 하나에 해당 색의 정보(빨간색, 녹색, 파란색, 투명도 등)가 담겨져 있으며 이는 곧 그림의 용량에 영향을 줍니다. BMP, GIF, JPEG, PNG 등은 픽셀을 사용하는 대표적인 파일 형식으로 비트맵 이미지라고 부릅니다.

숫자 코드를 픽셀 이미지로 복원하기

다음의 숫자 코드는 하얀 픽셀의 개수, 검은 픽셀의 개수 순으로 표기되어 있습니다.

1. [숫자 코드]를 보면서 세 번째 줄부터 이미지의 빈 칸을 채워보세요.

숫자 코드	픽셀 이미지										
1, 1, 2, 1, 2, 1, 2, 1		■			■			■			■
0, 1, 1, 1, 1, 1, 2, 1, 1, 2	■		■		■			■		■	■
0, 1, 1, 1, 1, 2, 1, 1, 2, 1											
0, 1, 1, 1, 1, 1, 2, 1, 1, 2											
1, 1, 2, 1, 2, 2, 1, 1											
11											
0, 1, 7, 2, 1											
0, 1, 6, 1, 2, 1											
0, 1, 6, 1, 2, 1											
0, 5, 3, 2, 1											

《숫자 코드를 이미지로 변환》

같은 조원들 것을 보면서 자신이 완성한 것과 다른 것들이 있으면 왜 다른지 함께 이야기해 봅시다.

2. [숫자 코드]를 보면서 첫 번째 줄부터 이미지의 빈 칸을 채워 보세요.

[숫자 코드]

1) 5, 3, 3, 3, 5	11) 1, 1, 6, 1, 1, 1, 6, 1, 1
2) 4, 1, 3, 3, 3, 1, 4	12) 2, 1, 3, 2, 3, 2, 3, 1, 2
3) 3, 1, 2, 2, 3, 2, 2, 1, 3	13) 3, 3, 1, 1, 2, 1, 2, 3, 3
4) 1, 5, 7, 5, 1	14) 8, 1, 2, 1, 7
5) 0, 1, 3, 1, 3, 1, 1, 1, 3, 1, 3, 1	15) 9, 1, 1, 1, 7
6) 0, 1, 3, 1, 9, 1, 3, 1	16) 8, 1, 2, 1, 7
7) 0, 1, 3, 1, 2, 1, 3, 1, 2, 1, 3, 1	17) 8, 1, 1, 1, 8
8) 1, 3, 1, 1, 2, 3, 2, 1, 1, 3, 1	18) 7, 1, 2, 1, 8
9) 2, 1, 3, 1, 5, 1, 3, 1, 2	19) 7, 1, 2, 1, 8
10) 1, 1, 5, 5, 5, 1, 1	20) 7, 5, 7

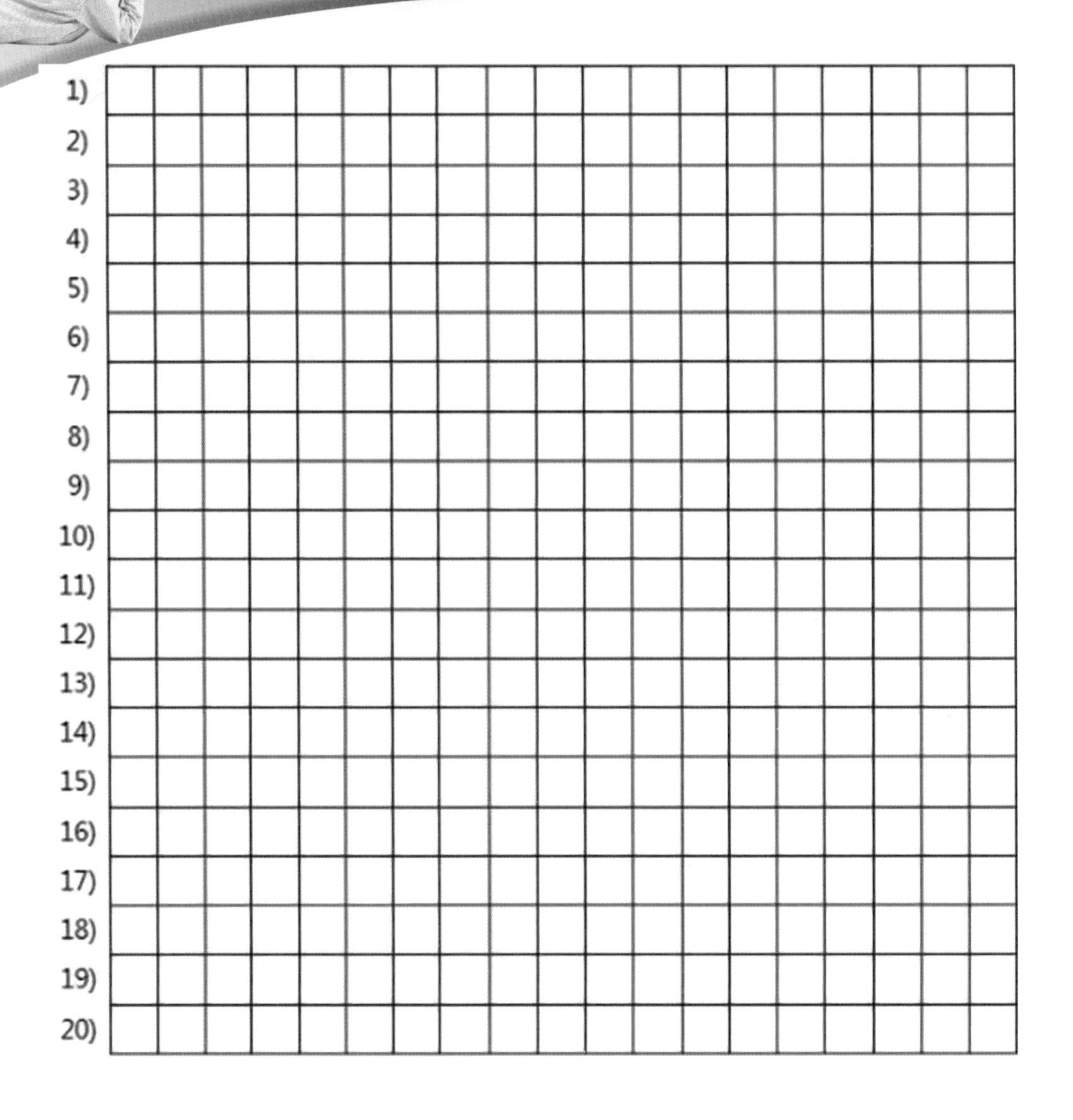

완성됐으면 같은 조원들 것을 보면서 자신이 완성한 것과 다른 것들이 있으면 왜 다른지 함께 이야기해 봅시다.

3. 2번의 그림 안에 색연필로 색을 칠해 봅시다. 아까보다 더 예쁜 모습으로 보일 것입니다.

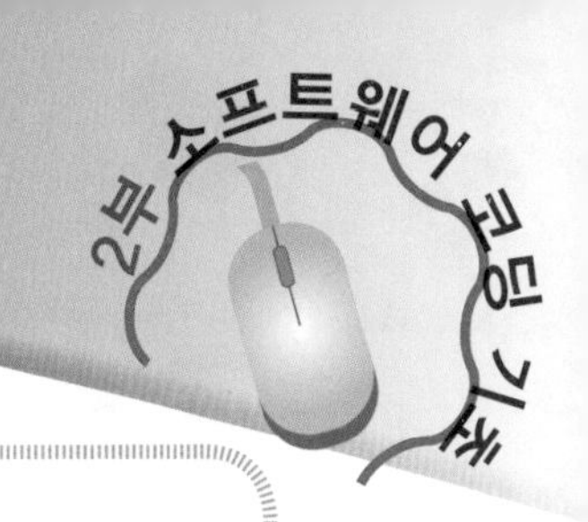

학습정리

- 컴퓨터는 이미지를 저장할 때 이미지 자체를 저장하는 것이 아니라 숫자코드로 바꾸어 저장합니다.
- 이미지의 픽셀 수가 많아지면 이미지는 부드럽고 선명해지지만 용량이 커집니다. 픽셀 수가 적어지면 이미지가 각지고 형체를 알아보기 어렵게 되지만 용량은 작아집니다.
- 팩스의 송신 원리는 문서를 이미지 형태로 입력받아 숫자 코드로 변환시킨 후 코드 정보를 전송합니다. 수신 원리는 숫자 코드를 읽어 들여 이미지로 변환시킨 뒤 출력하는 것입니다.

12 순서대로 줄을 서세요

들어가며

- 도서관의 책들은 어떤 순서로 책장에 꽂혀 있을까요?
- 만약 도서관의 책들이 크기순으로 책장에 꽂혀 있다면 어떤 일이 일어날까요?

선생님께서 3조 학생들을 앞으로 나오라고 하신 다음에 줄을 순서대로 서라고 하셨습니다. 이 학생들은 어떤 순서대로 줄을 선 것일까요?

키의 오름차순으로 줄을 섰습니다.

이번에도 선생님께서 줄을 다시 순서대로 서라고 하셨습니다. 이번에 학생들은 어떤 순서대로 줄을 선 것일까요?

키의 내림차순으로 줄을 섰습니다.

이 순서는 선생님께서 생각하신 것이 아닌 것처럼 다시 순서대로 서라고 하셨습니다. 이번에 학생들이 줄을 선 것은 어떤 순서에 맞춘 것일까요?

그림으로만 보면 여학생, 남학생 순으로 선 다음에 키 오름차순으로 줄을 섰습니다.

혹시 다른 순서로 줄을 선 것은 아닐까요? 예를 들어 생일이 빠른 순서, 번호가 빠른 순서, 이름의 가나다 순서 등 다양한 기준이 적용됐을 수 있습니다.

이렇게 어떤 자료나 정보를 특정한 기준으로 순서를 재배치하는 것을 정렬이라고 합니다.

정렬을 하는 이유는 무엇이고 도서관의 책들은 왜 정렬이 돼 있을까요? 바로 책을 쉽게 찾기 위해서겠죠. 우리는 찾기 쉽게 하기 위해 다양한 기준을 정하여 자료를 정렬합니다.

지식충전

- 정렬: 가지런하게 줄지어 늘어서게 한다는 의미로 데이터를 특정한 조건에 따라 일정한 순서가 되도록 다시 배열하는 것을 말합니다.
- 오름차순: 정렬할 때 순서를 정하는 방법으로 작은 것부터 큰 것의 차례로 정렬하는 것을 의미합니다. 알파벳의 경우 A, B, C 순으로 나열하는 것을 말합니다.
- 내림차순: 정렬할 때 순서를 정하는 방법으로 큰 것부터 작은 것의 차례로 정렬하는 것을 의미합니다. 10진수의 경우 9, 8, 7, 6, 5, 4, 3, 2, 1, 0 순으로 나열한 것을 말합니다.

배워볼 내용

- 정렬의 의미를 이해합니다.
- 자료가 정렬돼 있는 경우와 그렇지 않은 경우의 차이점을 말할 수 있습니다.

정렬은 순서를 조정할 수 있는 기준이나 조건이 정해지면 수행할 수 있습니다. 다음 대상이 정렬돼 있는 것인지 그렇지 않은지를 선택하고 왜 그런지 이유를 말해 봅시다.

대 상	정렬 여부에 대한 설명
파아노 건반	정렬 됐음(√) 정렬돼 있지 않음( ) 이유: 건반의 왼쪽에서 오른쪽으로 갈수록 한 단계씩 음이 올라간다. 정렬됐으면 정렬 기준은?: 음계의 오름차순
전선 위의 새	정렬 됐음( ) 정렬돼 있지 않음(√) 이유: 새들을 전선 위에 앉을 때 서열이나 무게 등 순서대로 앉지 않고 빈 곳을 찾아 앉는다. 정렬됐으면 정렬 기준은?:
달팽이	정렬 됐음( ) 정렬돼 있지 않음( ) 이유: 정렬됐으면 정렬 기준은?:
바구니속의 과일	정렬 됐음( ) 정렬돼 있지 않음( ) 이유: 정렬됐으면 정렬 기준은?:

대 상	정렬 여부에 대한 설명
볼링 핀	정렬 됐음( ) 정렬돼 있지 않음( ) 이유: 정렬됐으면 정렬 기준은? :
과일코너에 쌓인 오렌지	정렬 됐음( ) 정렬돼 있지 않음( ) 이유: 정렬됐으면 정렬 기준은? :
회의실의 탁자와 의자	정렬 됐음( ) 정렬돼 있지 않음( ) 이유: 정렬됐으면 정렬 기준은? :
국어사전	정렬 됐음( ) 정렬돼 있지 않음( ) 이유: 정렬됐으면 정렬 기준은? :
출석부	정렬 됐음( ) 정렬돼 있지 않음( ) 이유: 정렬됐으면 정렬 기준은? :

사탕 먹은 사람 찾아내기

조원끼리 사탕 먹은 사람 찾아내기 게임을 해 봅시다.

우선 조원 중에 가위, 바위, 보를 하여 진 사람이 술래가 되고 나머지 조원들은 그냥 한 줄로 세웁니다. 술래가 뒤를 돌아보지 못하게 하고 술래를 제외한 조원 중 1명이 사탕을 먹고 술래는 조원을 볼 수 있도록 다시 돌아섭니다. 술래를 제외한 조원들은 누가 사탕을 먹었는지 알 수 있고 술래는 모릅니다.

《사탕 먹은 사람 찾아내기 게임-정렬 없이》

※ 게임 규칙은 다음과 같습니다.

가. 술래가 조원 중 한 명을 지목하여 “사탕 먹었지?”라고 물어봅니다.

나. 지목된 조원은 말로 답을 하지 않고 먹었으면 고개를 위 아래로 끄덕이고 아니면 좌우로 돌립니다.

다. 술래가 사탕 먹은 조원을 맞출 때까지 가~나를 반복합니다.

※ 다음 질문에 답하세요.

1. 술래가 가장 빨리 사탕 먹은 조원을 찾는 경우 물어본 횟수는 몇 번입니까?
2. 반대로 술래가 가장 늦게 사탕 먹은 조원을 찾는 경우 물어본 횟수는 몇 번입니까?

활동 2

정렬해서 사탕 먹은 사람 찾아내기

조원을 순서대로 줄을 세우고 사탕 먹은 사람 찾아내기 게임을 다시 해 봅시다.

우선 조원 중에 가위, 바위, 보를 하여 진 사람이 술래가 되고 나머지 조원들은 키 오름차순으로 줄로 세웁니다. 술래는 뒤를 돌아보지 못하게 하고 술래를 제외한 조원 중 한 명이 사탕을 먹고 술래는 조원을 볼 수 있도록 다시 돌아섭니다. 술래를 제외한 조원들은 누가 사탕을 먹었는지 알 수 있고 술래는 모릅니다.

《사탕 먹은 사람 찾아내기 게임–정렬》

※ 게임 규칙은 다음과 같습니다.

가. 술래는 조원들 중 가운데 있는 조원을 지목하여 "사탕 먹은 애가 너보다 커?"라고 물어봅니다.

나. 지목받은 조원은 말로 답을 하지 않고 자기보다 크면 고개를 위 아래로 끄덕이고 아니면 좌우로 돌립니다.

다. 조원이 위 아래로 끄덕였으면 술래는 질문한 조원의 오른쪽으로 이동하고 오른쪽에 있는 조원들을 대상으로 다시 질문합니다. 만일 좌우로 돌렸으면 질문한 조원을 포함한 왼쪽의 조원들을 대상으로 다시 질문합니다.

라. 술래는 조원의 수를 좌우로 좁혀가면서 질문을 하다 대상이 한 명이나 두 명만 남았을 때 "사탕 먹었지?" 라고 물어봅니다.

부정했을 때
새로운 조원

긍정했을 때
새로운 조원

"사탕 먹은 애가 너보다 커?"

《질문 대상을 줄여 나가는 과정》

※ 다음 질문에 답하세요.

1. 술래가 가장 빨리 사탕 먹은 조원을 찾는 경우 물어본 횟수는 몇 번입니까?
2. 반대로 술래가 가장 늦게 사탕 먹은 조원을 찾는 경우 물어본 횟수는 몇 번입니까?
3. 키 오름차순으로 서 있지 않고 그냥 한 줄로 서 있을 때 물어본 횟수와는 어떤 차이가 있습니까?

학습정리

1. 정렬을 하는 이유는 원하는 자료를 빨리 찾아내기 위해 자료의 순서를 재구성하는 것입니다.
2. 정렬한 후에 검색하는 것은 정렬하지 않고 검색하는 것보다 속도가 빨라집니다.

13 소프트웨어 이해하기(프로그래밍)

들어가며

우리 주변의 자동차, 비행기, 텔레비전, 컴퓨터, 게임기 등 다양한 기기들이 동작하기 위해서 필요한 것은 무엇일까요?

소프트웨어라는 단어를 들어봤나요? 소프트웨어는 무엇일까요? 소프트웨어를 사용해 본 적은 있나요?

배워볼 내용

- 소프트웨어와 하드웨어의 정의에 대해서 알아봅시다.
- 소프트웨어의 역할에 대해서 알아봅시다.

소프트웨어와 하드웨어

소프트웨어는 컴퓨터를 제어하고, 처리 순서와 방법을 지시하여 결과를 얻기 위한 명령어들의 집합으로 보통 프로그램과 같은 의미로 사용됩니다. 컴퓨터를 구성하는 구성 요소 중 물리적인 형태를 가지고 있는 하드웨어를 제외한 무형의 부분을 소프트웨어라고 합니다. 소프트웨어는 윈도우나 맥과 같이 컴퓨터를 동작하는 시스템 소프트웨어와 한글 워드 프로세서나 MS오피스와 같이 사용자가 원하는 일을 수행하기 위해 사용되는 응용 소프트웨어로 구분할 수 있습니다.

하드웨어는 컴퓨터와 관련된 모든 전자 장비를 표현하는 단어로서, 물리적이거나 실질적으로 만질 수 있는 장비나 부품을 의미합니다. 하드웨어는 무형의 소프트웨어와 대비되는 단어로서, 전자 부품과 기계 부품으로 구분할 수 있습니다.

활동 1

소프트웨어와 관련 있는 것들을 알아봅시다.

우리 생활 속에서 소프트웨어와 관련이 있는 것들을 표시하고 친구들과 서로 비교해 봅시다.

텔레비전　전자레인지　책상　게임기

선풍기　스마트폰　컴퓨터　회전문

비행기　자율주행자동차　로봇

의자　침대　전자시계

내가 좋아하는 소프트웨어는 무엇인가요?

내가 자주 사용하는 소프트웨어 3개를 선택하고 소프트웨어의 종류와 소프트웨어 이름, 사용법에 대해서 적어봅시다.

소프트웨어 종류	소프트웨어 명칭	사용법

학습정리

- 소프트웨어와 소프트웨어의 역할에 대해서 이해할 수 있습니다.

14 소프트웨어와 미래 직업 알아 보기

들어가며

- 기술의 발달에 따라 우리 주변의 물건들은 어떻게 변화하고 있을까요?
- 소프트웨어 기술의 발달에 따라 직업은 어떻게 변화하고 있을까요?

5~20년 전 사용하던 물건들입니다. 용도는 무엇일까요? 그리고 지금은 어떻게 바뀌었을지 알아봅시다.

종　류	이름과 용도	현재 사용되는 물건
240 240 240 240 240 / 270 270 270 270 270		

종　류	이름과 용도	현재 사용되는 물건

배워볼 내용

- 기술의 발달에 따른 직업의 변화에 대해서 알아봅시다.
- 소프트웨어와 관련된 직업을 알아봅시다.

1. 직업의 변화

기술의 발달에 따라 5~20년 전에는 활발했던 직업이 없어지고, 새로운 직업이 나타나고 있습니다. 특히 사람과의 소통이 비교적 낮고 정교함이 덜한 직업들은 인공 지능과 로봇 기술을 사용해서 자동화 될 수 있습니다.

자동화 대체가 높은 직업 상위 20개	VS	자동화 대체가 낮은 직업 상위 20개
콘크리트공	1	화가 및 조각가
정육원 및 도축원	2	사진작가 및 사진사
고무 및 플라스틱 제품조립원	3	작가 및 관련 전문가
청원경찰	4	지휘자 · 작곡가 및 연주가
조세행정사무원	5	애니메이터 및 만화가
물품이동장비조작원	6	무용가 및 안무가
경리사무원	7	가수 및 성악가
환경미화원 및 재활용품수거원	8	메이크업아티스트 및 분장사
세탁관련 기계조작원	9	공예원
택배원	10	예능 강사
과수작물재배원	11	패션디자이너
행정 및 경영지원 관련서비스 관리자	12	국악 및 전통 예능인
주유원	13	감독 및 기술감독
부동산 컨설턴트 및 중개인	14	배우 및 모델
건축도장공	15	제품디자이너
매표원 및 복권판매원	16	시각디자이너
청소원	17	웹 및 멀티미디어 디자이너
수금원	18	기타 음식서비스 종사원
철근공	19	디스플레이디자이너
도금기 및 금속분무기 조작원	20	한복제조원

※ 자료 : 한국고용정보원

2. 소프트웨어와 관련된 직업

대부분의 산업 영역에서 소프트웨어 기술을 사용하면서, 다양한 분야에서 소프트웨어와 관련된 직업들이 나타나고 있습니다. 다음의 기기가 개발되고 사용되기 위해서 필요한 소프트웨어 개발자의 역할은 무엇일까요?

종 류	소프트웨어 개발자의 역할
드론	
자율 주행 자동차	
탐사 로봇	
모바일 앱	

종 류	소프트웨어 개발자의 역할
게임	
3D영상(영상, 영화, 드라마, 특수효과)	
사이버 범죄 수사대	
인공 지능 로봇	

활동 1

미래에는 생활이 어떻게 바뀔까요?

기술이 발달하면서 다음의 기계들이 우리 일상 생활에서 사용되면 우리의 일상은 어떻게 바뀔까요?

종 류	일상생활에서 변경되는 내용

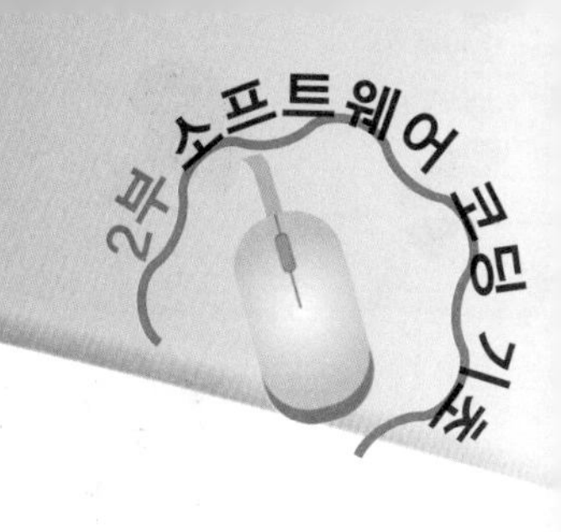

내가 소프트웨어 개발자가 된다면, 나의 미래 직업은?

내가 소프트웨어 개발자가 된다면, 나는 미래에 어떤 직업을 가지고 싶나요?

장래 희망	장래희망 이유, 소프트웨어와의 연관성

내가 소프트웨어 개발자가 된다면 만들고 싶은 소프트웨어와 소프트웨어의 기능에 대해서 적어봅시다.

소프트웨어 이름	소프트웨어의 기능

학습정리

- 소프트웨어 개발자의 역할과 소프트웨어로 인한 직업의 변화에 대해서 이해할 수 있습니다.

15 엔트리 프로그래밍하기

들어가며

엔트리는 소프트웨어 교육을 받을 수 있도록 개발된 소프트웨어 교육 플랫폼입니다. 엔트리를 이용해서 프로그램을 만들려면 어떻게 해야 할까요?

엔트리(https://playentry.org)는 소프트웨어 교육을 받을 수 있도록 개발된 무료 소프트웨어 교육 플랫폼입니다. 블록 기반의 프로그래밍을 통해 소프트웨어의 개념과 다양한 문제 해결을 위한 방법을 알아봅시다.

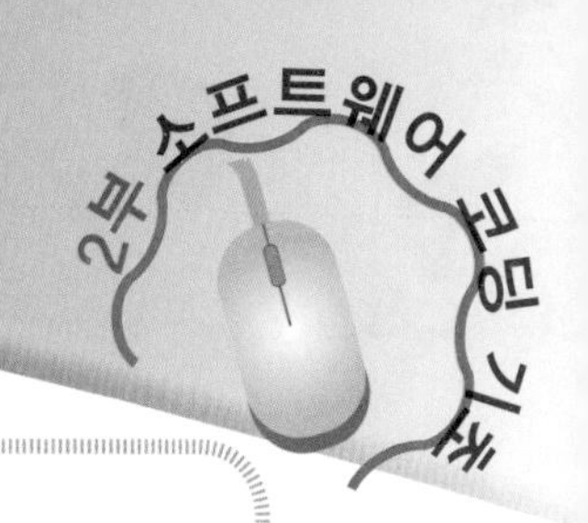

배워볼 내용

- 엔트리를 사용하는 기본 환경에 대해서 알아봅시다.
- 엔트리를 이용해서 블록 프로그래밍을 하는 방법에 대해서 알아봅시다

※ 엔트리 사이트의 구성에 대해서 알아봅시다.

1. 학습하기

엔트리 학습을 위한 주제별, 학년별 학습과정을 제공합니다.

〉 미션을 해결하며 배우는 프로그래밍

학년별 프로그래밍

학년			
3~4 학년	 **엔트리봇 학교 가는 길** 엔트리봇이 책가방을 챙겨 학교에 도착할 수 있도록 도와주세요!	 **로봇 공장** 로봇공장에 갇힌 엔트리봇! 탈출하기 위해 부품을 모두 모아야해요.	
5~6 학년	 **로봇 공장** 로봇공장에 갇힌 엔트리봇! 탈출하기 위해 부품을 모두 모아야해요.	 **전기 자동차** 엔트리봇 자동차가 계속 앞으로 나아갈 수 있도록 연료를 충전해 주세요.	 **숲속 탐험** 엔트리봇 친구가 숲속에 갇혀있네요! 친구를 도와주세요.

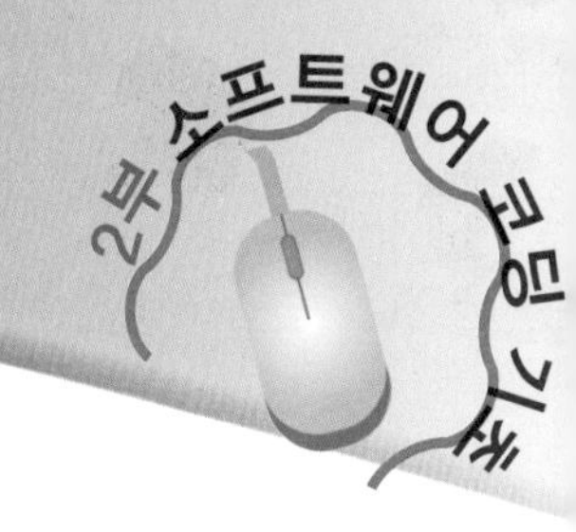

2. 만들기

엔트리로 프로그램을 만들기 위한 공간입니다.

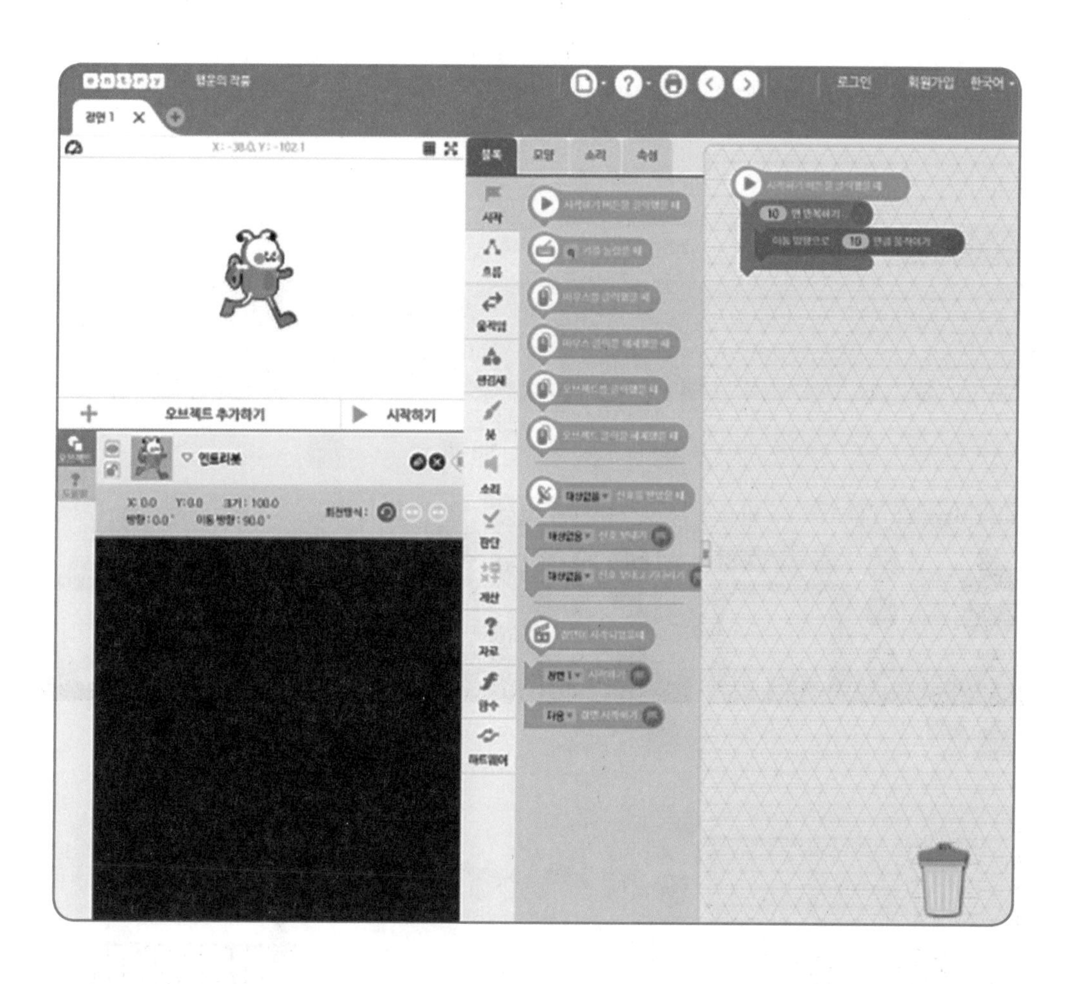

3. 공유하기

엔트리로 만든 작품을 공유하는 공간입니다. 다른 사람들이 만든 작품을 살펴보거나 내가 만든 작품을 다른 사람들이 볼 수 있도록 공유할 수 있습니다.

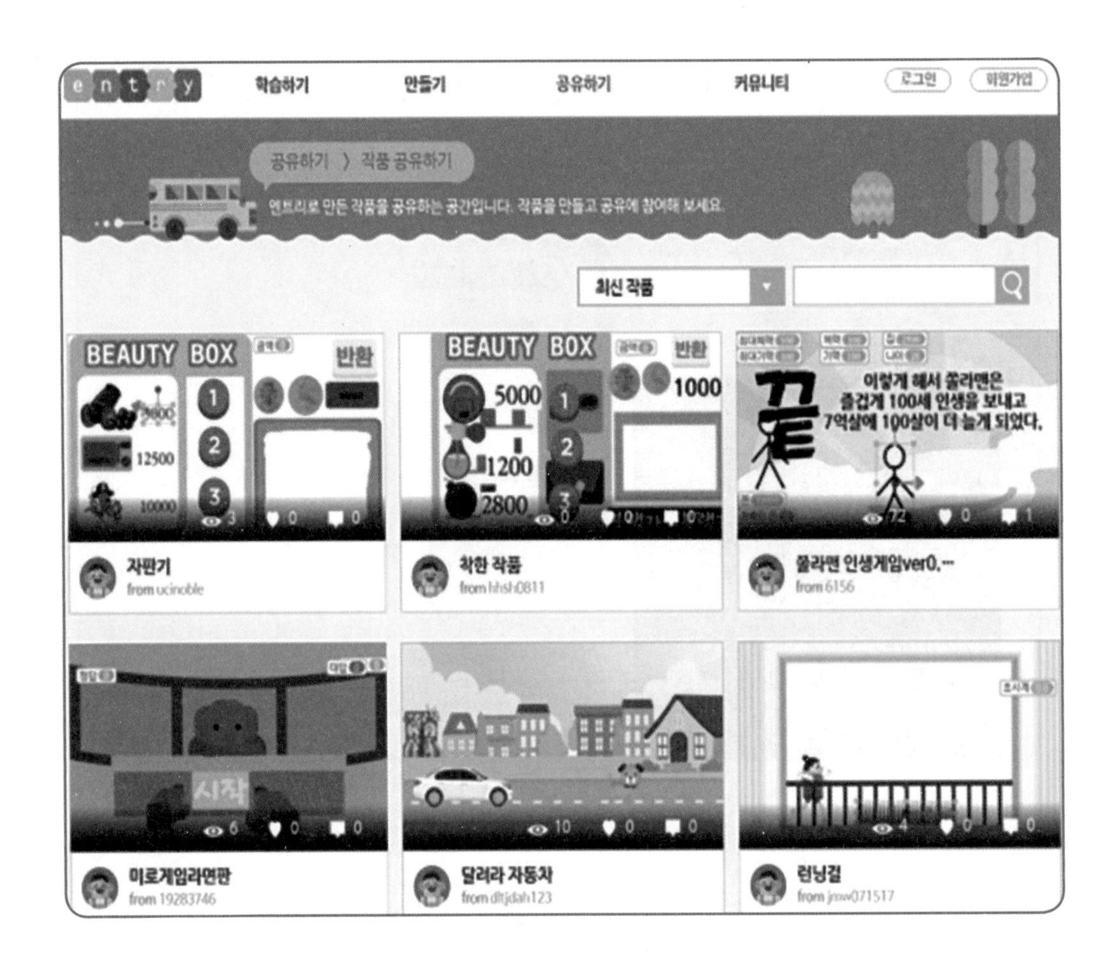

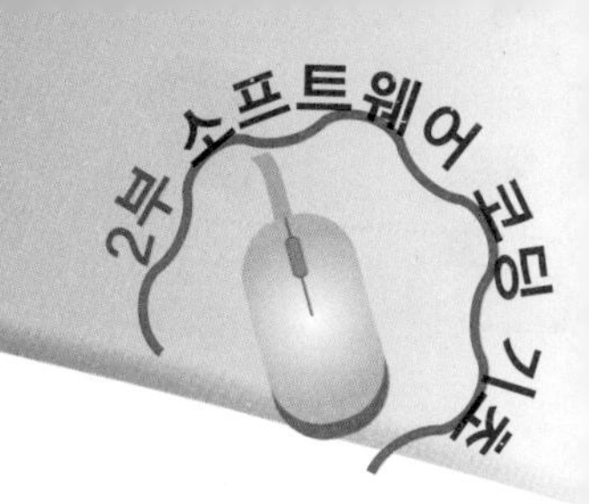

4. 커뮤니티

묻고 답하기, 노하우&팁, 자유게시판, 제안 및 건의, 공지사항 게시판을 사용할 수 있습니다.

entry 학습하기 만들기 공유하기 커뮤니티 로그인 회원가입

커뮤니티 > 글 나누기

최신순 ▼ 전체기간 ▼

묻고답하기
노하우&팁
자유 게시판
제안 및 건의
공지사항

		작성자	등록일	보기	♥
공지	7월 ~ 8월차 변경 사항 안내	entry	16.09.08	1996	14
1	여러분 신도림을 도와주세요 (1)	kyuwon	16.10.16	15	
2	ksd님 꺼	kevin0889	16.10.15	16	
3	여러분의 개성있는 노래를 만들어 보세요!!! (1)	kevin0889	16.10.15	9	
4	여러분궁금한게있어요	kyuwon	16.10.15	18	
5	함수 에 관하여 (4)	dersers	16.10.14	23	1
6	강의만들기 (2)	genius02	16.10.14	21	
7	JUMPING5 아니면 다른 작품(투표) (5)	kevin0889	16.10.14	10	1
8	JUMPING4출시!	kevin0889	16.10.08	18	2

※ 엔트리를 이용해서 작품을 만드는 방법을 알아봅시다.

1. 이동하기

의 아래에 위쪽, 아래쪽, 오른쪽, 왼쪽 이동하기 블록들을 쌓아봅시다.

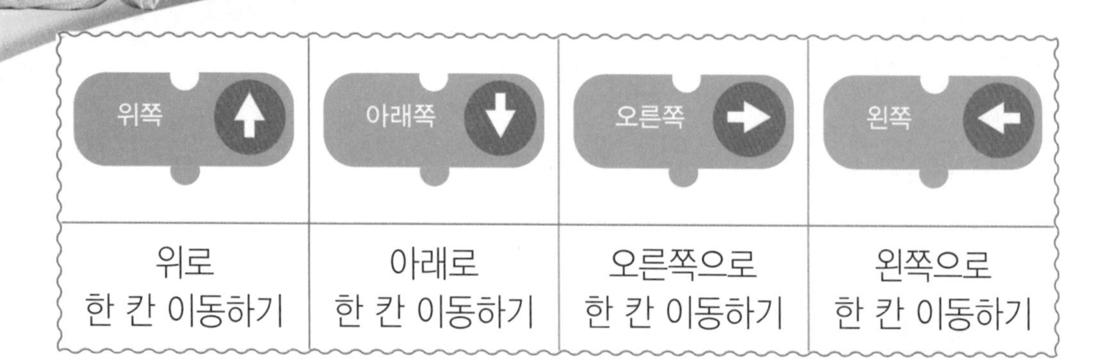

위로 한 칸 이동하기	아래로 한 칸 이동하기	오른쪽으로 한 칸 이동하기	왼쪽으로 한 칸 이동하기

2. 연필 줍기

연필 줍기

3. 반복 하기

반복 블록에 포함된 블록을 횟수만큼 반복 하기

4. 실행하고 멈추기

오른쪽의 블록을 쌓은 후 [시작하기] 을 클릭하면 프로그램이 시작됩니다.

[실행중] 버튼을 클릭하면 프로그램 실행이 멈추고 다시 시작하기를 실행할 수 있습니다.

5. 블록 없애기

없애고 싶은 블록을 휴지통 또는 블록 꾸러미 영역으로 드래그 후 드롭하면 삭제할 수 있습니다.

활동

엔트리봇 학교 가는 길

엔트리 사이트의 학습하기 중 처음 시작하는 사람들을 위한 엔트리 학습과정을 진행해봅시다. (https://playentry.org/study/maze#!/1/1)

 1단계: 엔트리 봇 오른쪽으로 이동하기	2단계: 엔트리 봇 왼쪽으로 이동하기
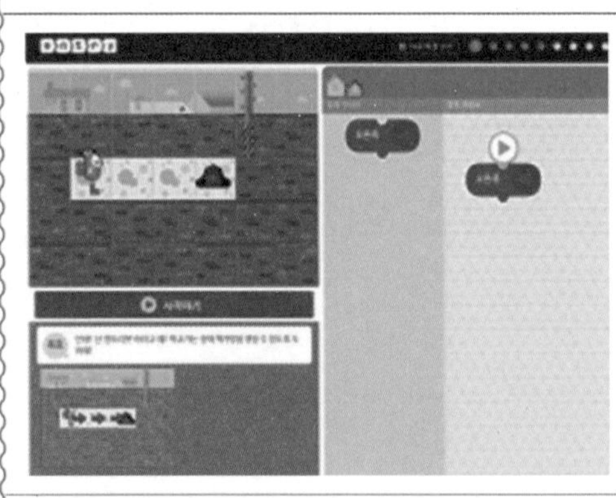	
3단계: 엔트리봇 위쪽으로 이동하기	4단계: 엔트리봇 아래쪽으로 이동하기
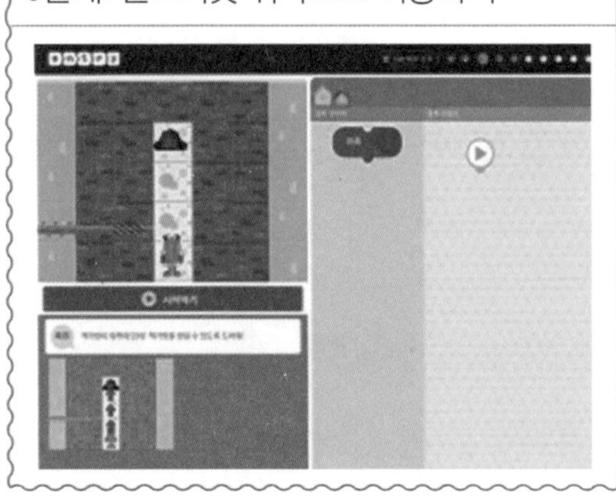	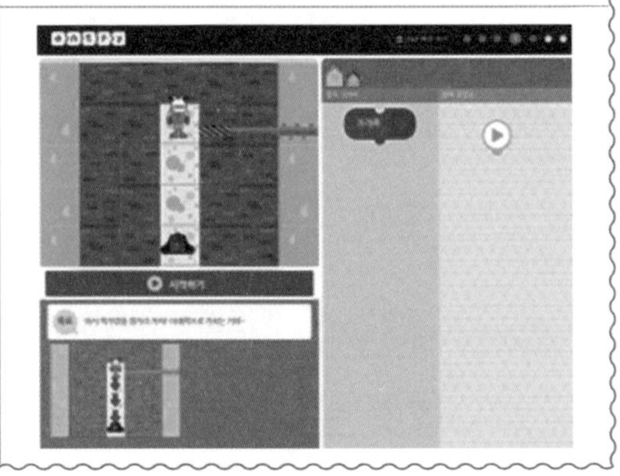

5단계: 엔트리봇 이동하기

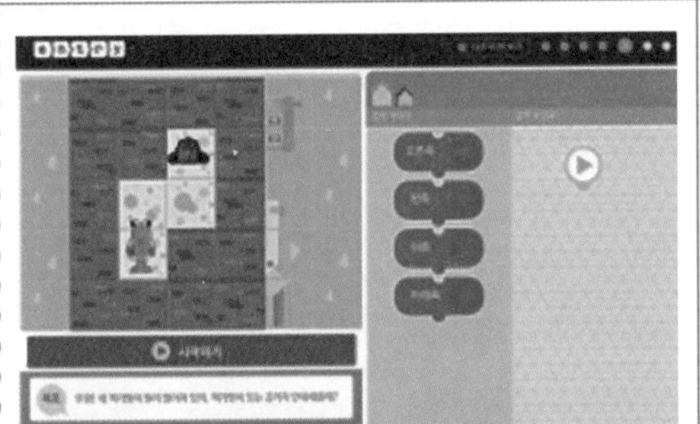

6단계: 엔트리봇 이동하기

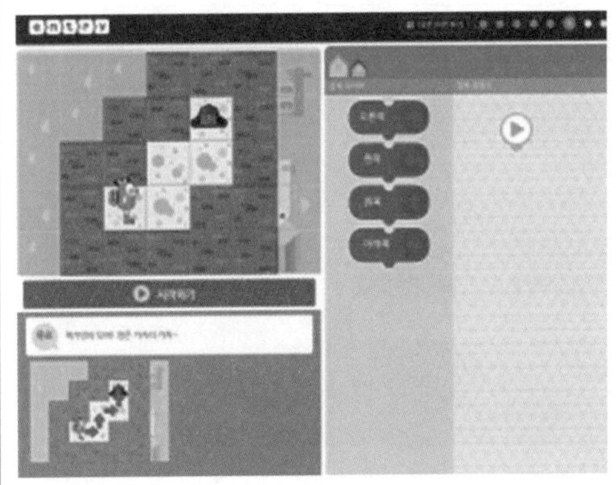

7단계: 엔트리봇 연필 줍고 이동하기

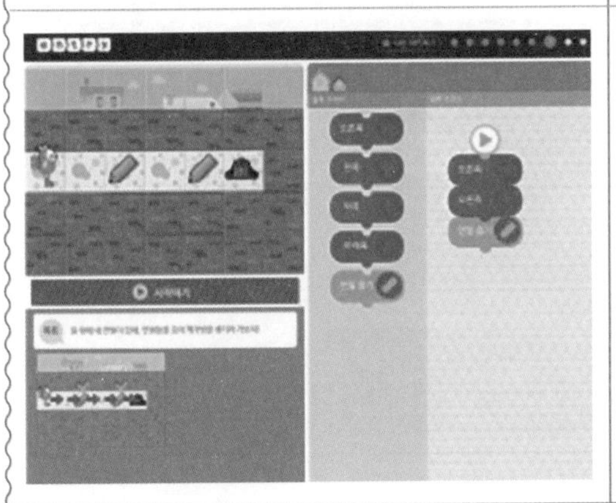

8단계: 엔트리봇 연필 줍고 이동하기

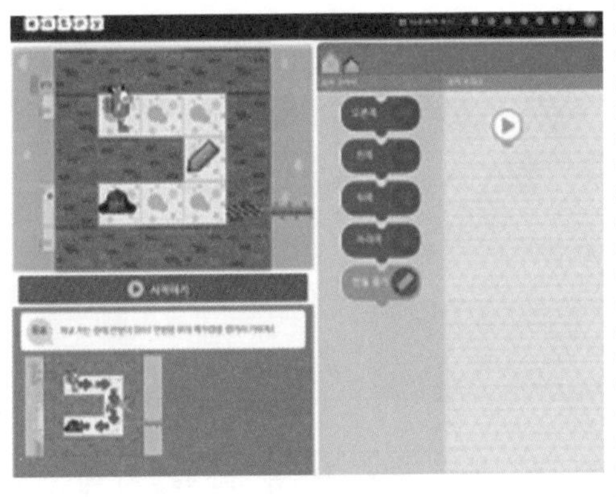

9단계: 엔트리봇 빠른 길로 이동하기

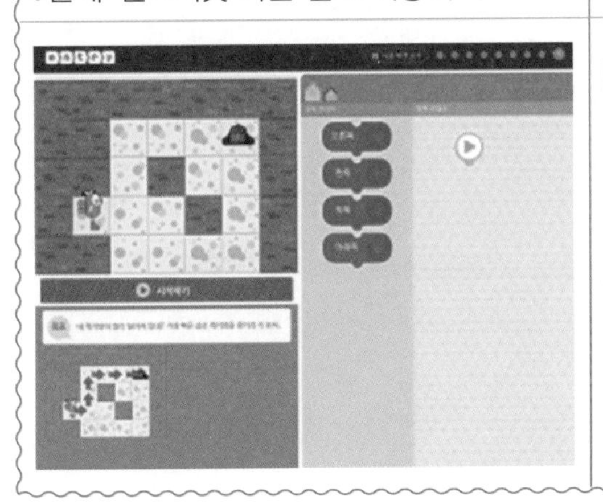

10단계: 엔트리봇 연필 줍고 이동하기

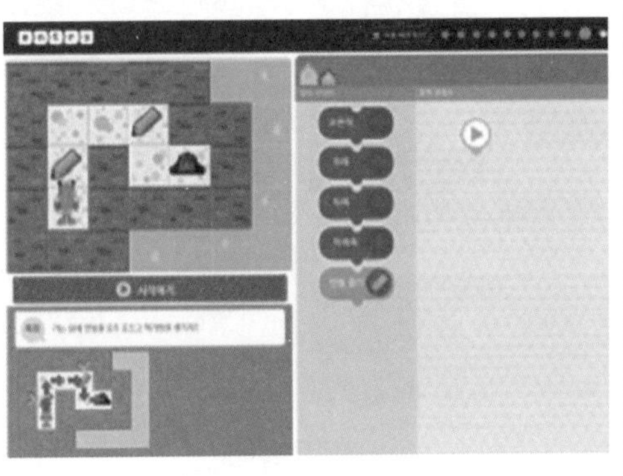

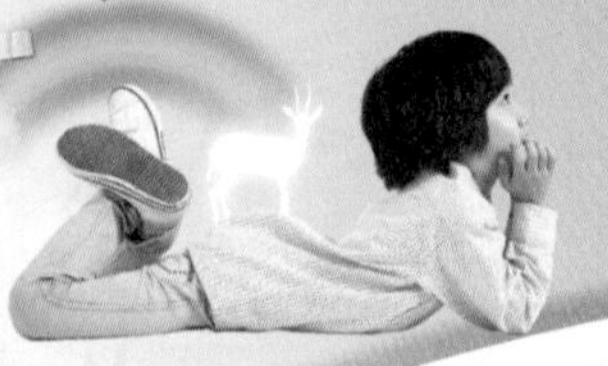

11단계: 엔트리봇 반복 블록 사용해서 이동하기	12단계: 엔트리봇 반복 블록 사용해서 이동하기
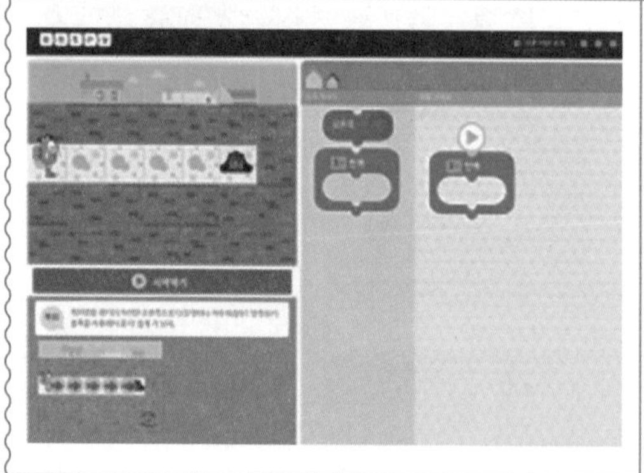	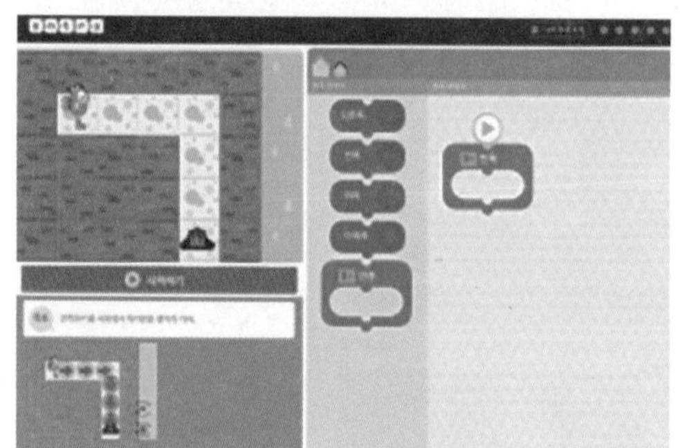
13단계: 엔트리봇 반복 블록 사용해서 이동하기	14단계: 엔트리봇 반복 블록 사용해서 이동하기
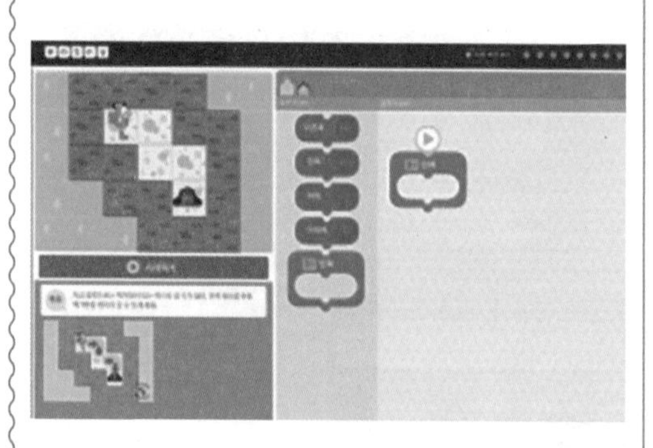	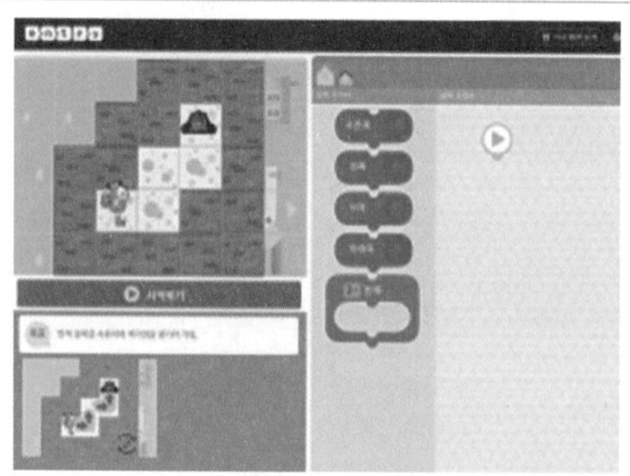
15단계: 엔트리봇 반복 블록 사용해서 이동하기	
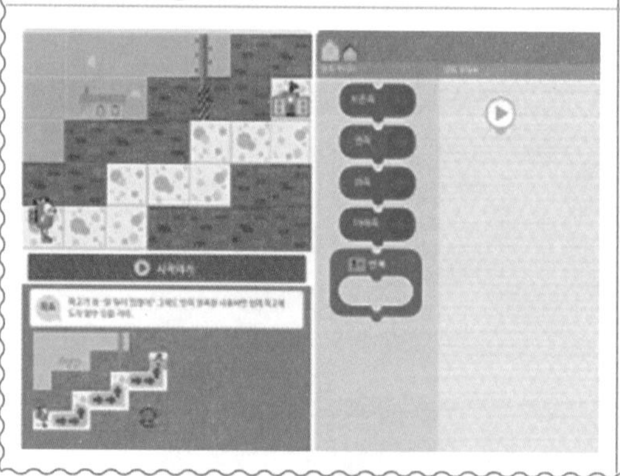	

학습정리

엔트리봇을 이동하는 방법과 반복 블록을 사용할 수 있습니다.

동물들의 대화

들어가며

- 오브젝트들을 시간의 순서대로 동작하게 하려면 어떻게 하면 될까요?
- 동시에 여러 개의 명령들이 실행하려면 어떻게 하면 될까요?

'멍멍이와 야옹이'의 대화를 플레이해 봅시다. 시간 순서에 따라 멍멍이와 야옹이가 대화하도록 블록을 구성할 수 있습니다.

배워볼 내용

- 오브젝트 별 블록의 구성 및 실행에 대해서 알아봅시다.
- 기다리기 블록을 이용해서 시간의 순서대로 대화를 진행해 봅시다.

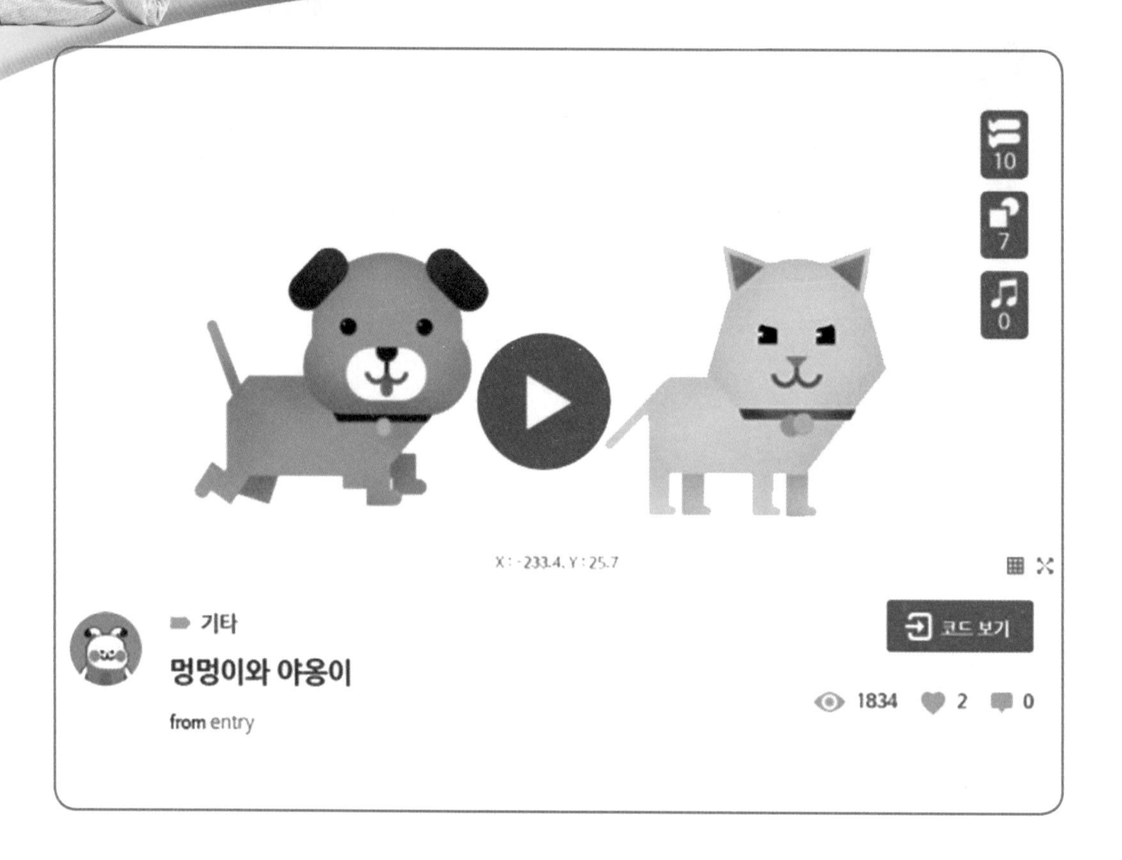

1. 엔트리 편집 및 실행 화면

항 목	역 할
장면1 ×	편집하는 장면을 추가하거나 삭제할 수 있습니다.
(속도 아이콘)	클릭한 후 실행 속도를 조절할 수 있습니다.
X: −32.0, Y: 110.1	마우스 또는 오브젝트의 X, Y 좌표를 나타냅니다. 화면의 정중앙은 X:0, Y:0입니다. X 값은 −240~240, Y 값은 −135~135 사이에서 움직일 수 있습니다.
(격자 아이콘)	편집 공간에 격자를 표시합니다.
(확대 아이콘)	실행 화면을 크게 볼 수 있습니다.
오브젝트	오브젝트 목록을 보고 편집할 수 있습니다.
도움말	블록을 선택하면 해당 블록의 도움말을 볼 수 있습니다.
목표	목표 영상을 확인할 수 있습니다.
PDF	학습 자료 문서를 확인할 수 있습니다.

2. 오브젝트

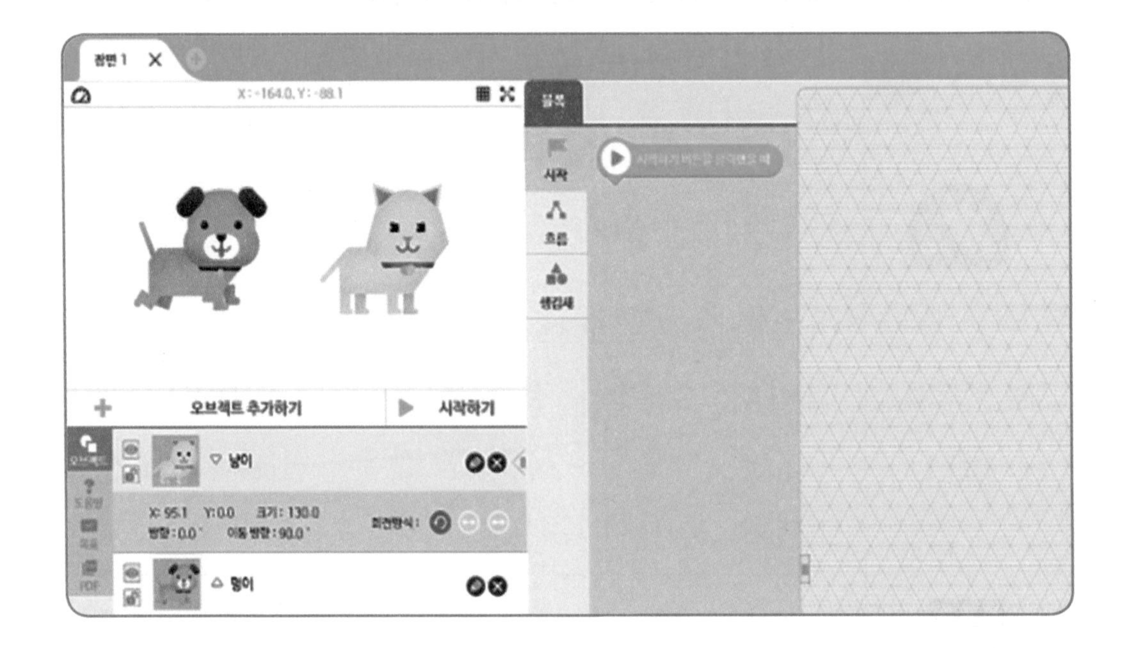

엔트리에서 동작의 주체가 되는 것을 오브젝트라고 합니다. 오브젝트는 각자의 블록조립소를 가지고 있으며, 멍이 오브젝트는 멍이 오브젝트를 클릭한 후 블록을 조립해야 합니다.

새로운 오브젝트를 추가하기 위해서는 오브젝트 추가하기를 클릭하면 추가할 수 있습니다. 시작하기 버튼을 클릭하면 실행할 수 있고 정지하기 버튼을 클릭하면 실행을 중지할 수 있습니다.

연필 아이콘을 클릭하면 오브젝트를 편집할 수 있고, X 버튼을 클릭하면 오브젝트를 제거할 수 있습니다.

항 목	설 명
X: 86.7 Y: 28.4 크기: 137.1 이동 방향: 96.2° 회전방식:	오브젝트의 X, Y 좌표, 크기, 이동 방향을 알려주며, 회전 방식을 변경할 수 있습니다.
	오브젝트를 선택하면 외곽 편집점을 이용해서 크기를 조정할 수 있습니다. 오브젝트를 클릭 후 드래그해서 원하는 위치로 이동할 수 있습니다. 이 때 기준 위치점은 밤색점이며, 기준 위치점을 조정할 수 있습니다. 화살표는 오브젝트가 이동하는 방향으로 0~360도 사이의 값을 사용할 수 있습니다.
 	눈 모양의 아이콘을 클릭하면 오브젝트를 안보이게 할 수 있으며, 오브젝트의 편집이 완료되면 자물쇠 버튼을 클릭해서 편집할 수 없도록 설정할 수 있습니다.

3. 블록 알아보기

항 목	블 록	동작설명
시 작	시작하기 버튼을 클릭했을 때	시작하기 버튼을 클릭하면 다음 블록들을 실행합니다.
흐 름	2 초 기다리기	입력된 시간만큼 기다린 후 다음 블록을 실행합니다.
생김새	안녕! 을(를) 4 초동안 말하기▾	오브젝트가 입력한 내용을 입력한 시간동안 말풍선으로 말한 후 다음 블록을 실행합니다.
	상하 모양 뒤집기	오브젝트의 상하 모양을 뒤집습니다.
	좌우 모양 뒤집기	오브젝트의 좌우 모양을 뒤집습니다.

4. 블록 없애기

없애고 싶은 블록을 휴지통 또는 블록 꾸러미 영역으로 드래그 후 드롭하면 삭제할 수 있습니다.

동물들의 대화 만들기

엔트리 학습하기에서 엔트리로 만들기 중 '동물들의 대화'를 만들어 봅시다.

1단계: 멍이가 2초 동안 '멍멍' 말하기	2단계: 냥이가 멍이를 바라보며 멍이의 말이 끝날 때까지 기다린 후 2초 동안 야옹이 말하기
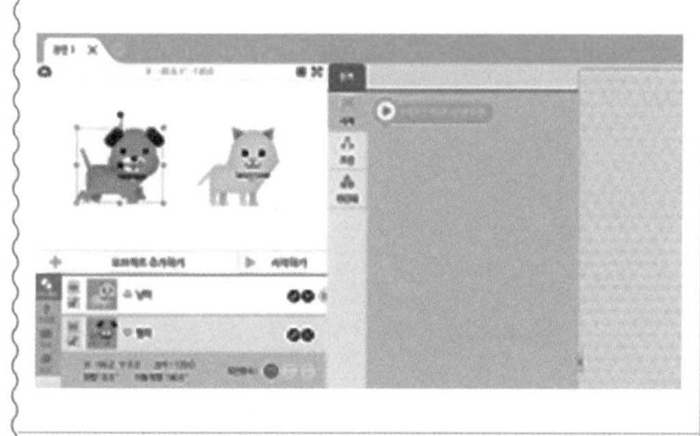	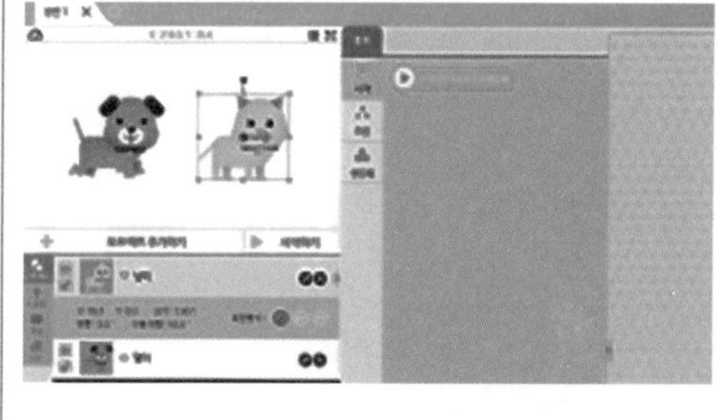
3단계: 멍이가 냥이의 말이 끝날 때까지 기다린 후 '잘 가' 말하기	4단계: 냥이가 멍이의 말이 끝날 때까지 기다린 후 '잘가' 말하기
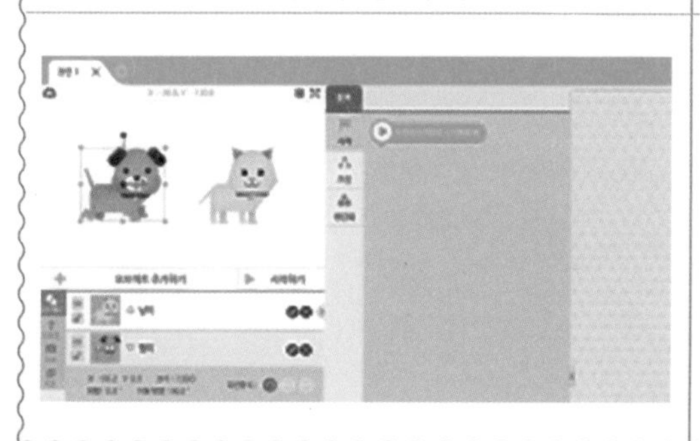	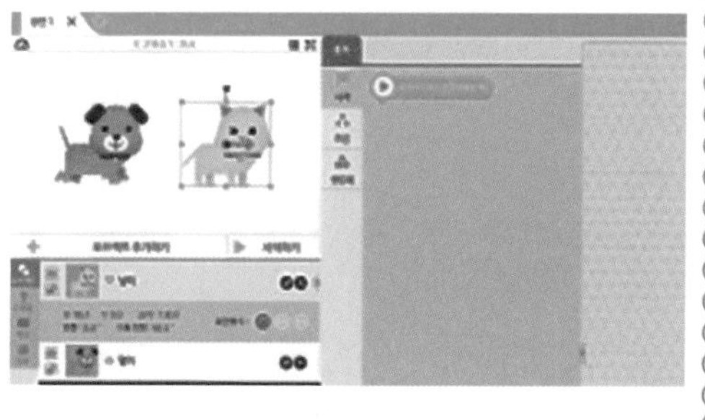

학습정리

두 개 이상의 오브젝트들이 병렬로 실행되는 것을 이해하고, 시간의 순서대로 실행되도록 블록을 사용할 수 있습니다.

전자 피아노 만들기

들어가며

- 엔트리에서 소리를 재생하려면 어떻게 해야 할까요?
- 오브젝트들이 특정 상황에 적합한 행동을 하려면 어떻게 블록을 조립해야 할까요?

'전자 피아노'를 플레이해 봅시다. 도레미파솔라시도를 클릭하면 해당하는 소리가 재생되도록 할 수 있습니다. 이렇게 특정 이벤트에 동작하는 블록들을 조립할 수 있습니다.

배워볼 내용

- 엔트리를 이용해서 오브젝트를 추가하고 소리를 재생하는 방법을 알아봅시다.
- 다양한 이벤트에 동작하는 블록들을 조립해 봅시다.

전자 피아노 만들기
from entrycontents
11008
17
34
도 레 미 파 솔 라 시 도 레 미 파 솔 라 시
추천학년 : 초등 3학년 초등 4학년
난이도 : 쉬움
예상 소요 시간 : ~ 15분
강의 학습하기

1. 오브젝트 추가하기

오브젝트 별로 블록, 모양, 소리를 지정해서 사용할 수 있습니다.

항 목	설 명
블록	오브젝트에 해당하는 블록을 조립할 수 있습니다.
	하나의 오브젝트에 여러개의 모양을 등록할 수 있습니다. 모양추가 버튼을 눌러서 새로운 파일을 등록할 수 있습니다.
	그림판을 이용해서 기존의 그림을 수정하거나 새 그림 버튼을 이용해서 새로운 그림을 그리고 모양으로 등록할 수 있습니다.

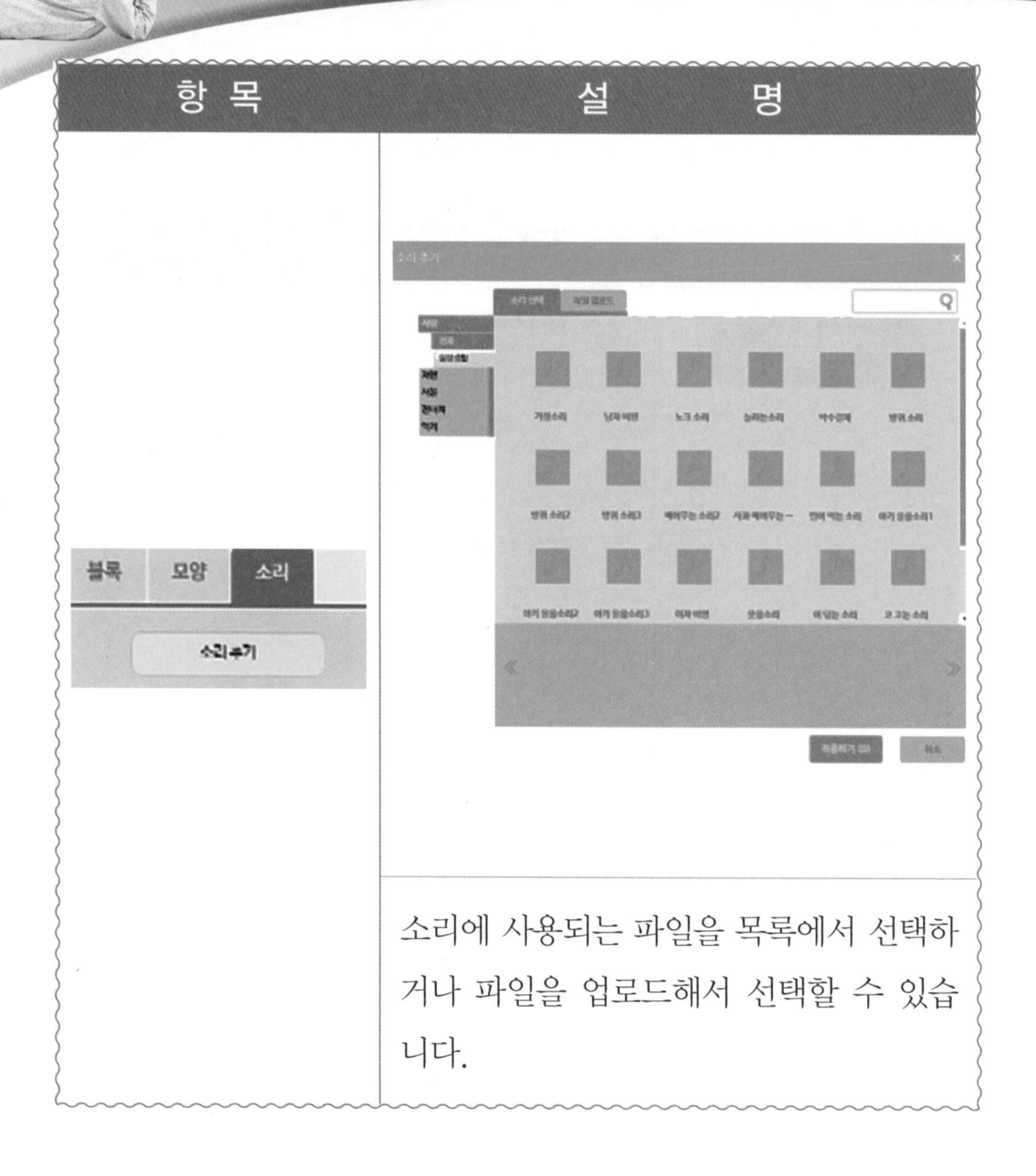

항 목	설 명
블록 모양 소리 소리 추가	소리에 사용되는 파일을 목록에서 선택하거나 파일을 업로드해서 선택할 수 있습니다.

피아노 건반을 추가해 봅시다. 하나의 오브젝트는 여러 개의 모양을 가질 수 있습니다. 오브젝트 추가하기 버튼을 클릭하여 물건〉취미〉피아노건반 오브젝트를 추가해봅시다.

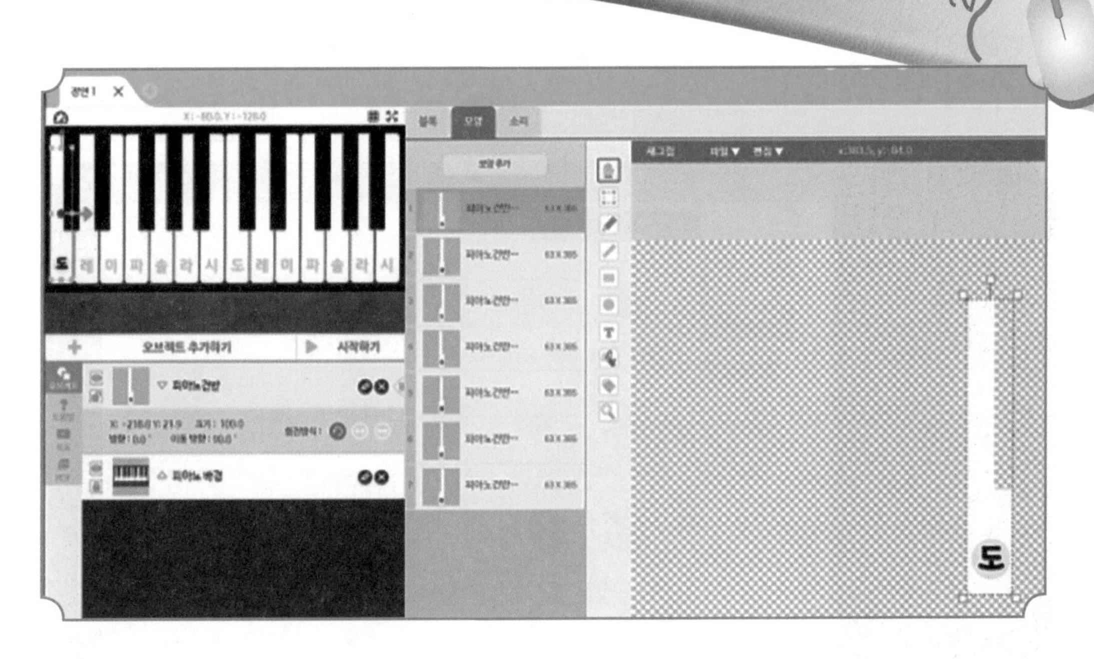

그리고 오브젝트의 이름을 건반1_도로 변경해 봅시다. 오브젝트 추가하기 버튼을 클릭하여 물건〉취미〉피아노건반 오브젝트를 추가한 후 모양에서 레를 선택합니다. 이렇게 레 오브젝트도 등록한 후 이름을 건반2_레로 변경해 봅시다.

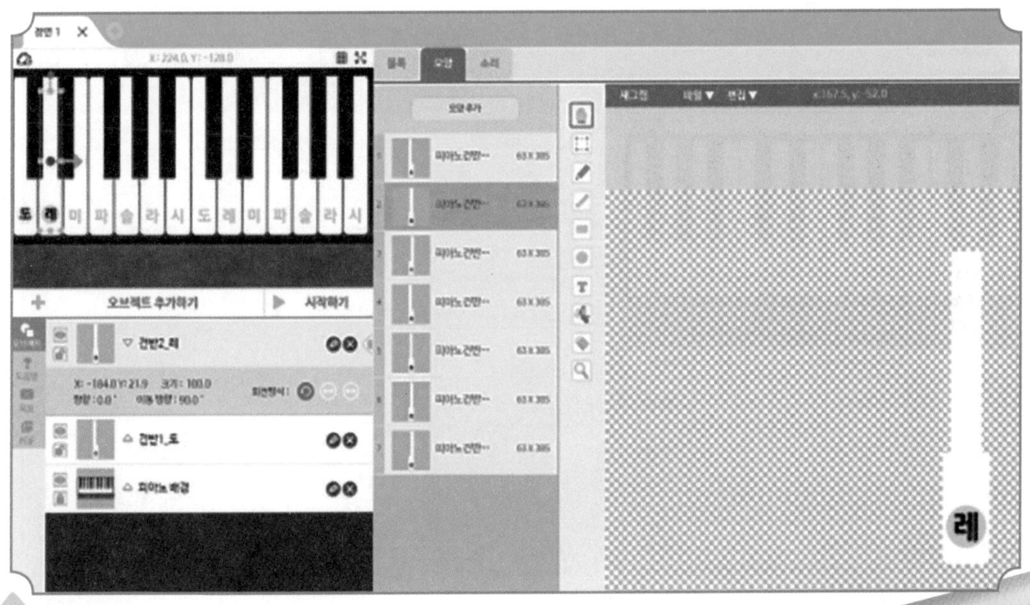

2. 소리 연결하기

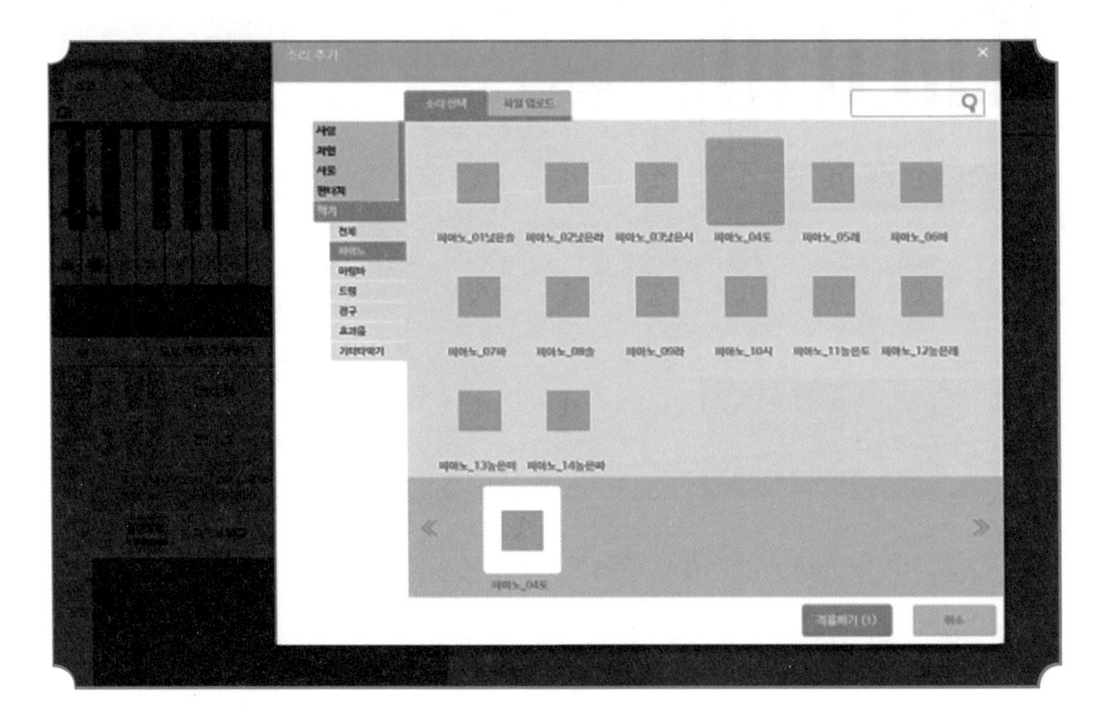

도에 해당되는 오브젝트를 선택한 후 소리 항목에서 소리 추가 버튼을 클릭해서 피아노_04도 소리를 추가해 봅시다.

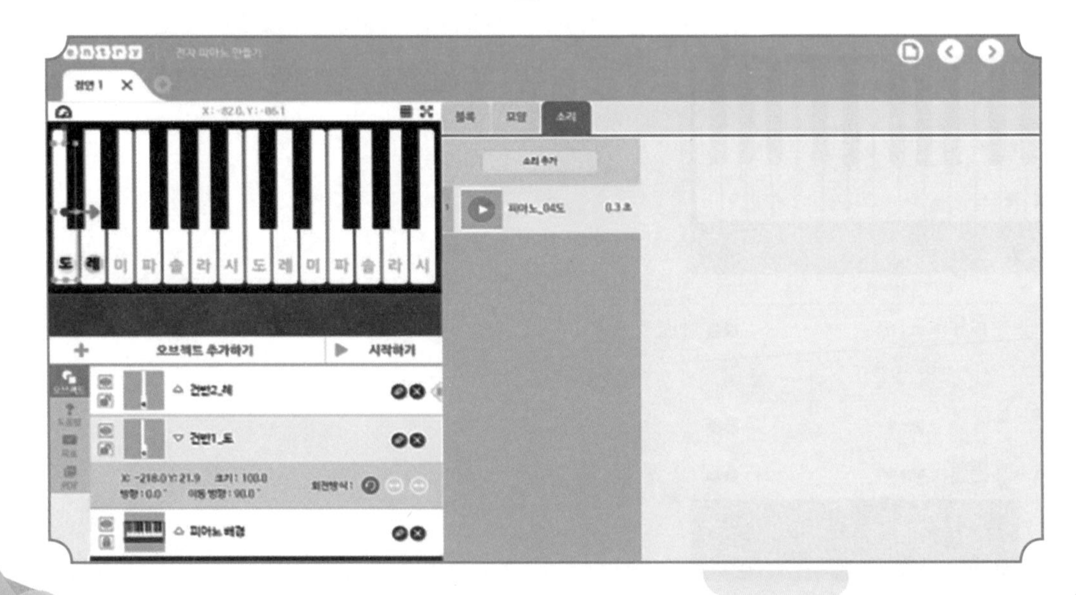

3. 블록 알아보기

항 목	블 록	동작설명
시 작	오브젝트를 클릭했을 때	해당 오브젝트를 클릭했을 때 연결된 블록들을 실행합니다.
흐 름	2 초 기다리기	입력된 시간만큼 기다린 후 다음 블록을 실행합니다.
생김새	색깔 효과를 100 (으)로 정하기	오브젝트의 색깔 효과를 입력된 값(0~100)으로 정합니다.
소 리	소리 대상없음 재생하기	당 오브젝트에 연결된 소리를 재생하는 동시에 다음 블록을 실행합니다.
	소리 대상없음 재생하고 기다리기	해당 오브젝트에 연결된 소리의 재생이 끝난 후 다음 블록을 실행합니다.

4. 블록 없애기

없애고 싶은 블록을 휴지통 또는 블록 꾸러미 영역으로 드래그 후 드롭하면 삭제할 수 있습니다.

전자 피아노 만들기

엔트리 사이트의 학습하기 중 엔트리로 만들기에서 '전자 피아노 만들기'를 진행해봅시다.

1단계: 도,레,미,파,솔,라,시,도 건반 오브젝트 추가하고 위치 이동하기	2단계: 오브젝트의 이름을 건반1_도, 건반2_레, 건반3_미,... 로 변경하기
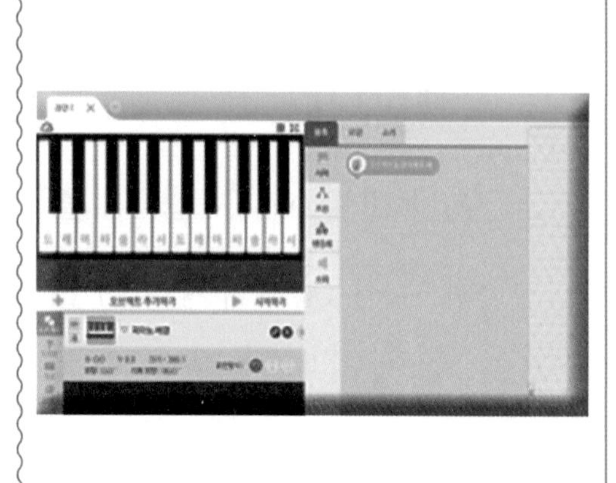	

3단계: 오브젝트 별로 소리파일 추가하고 연결하기	4단계: 오브젝트를 클릭했을 때 색 변경하고 소리 재생하기
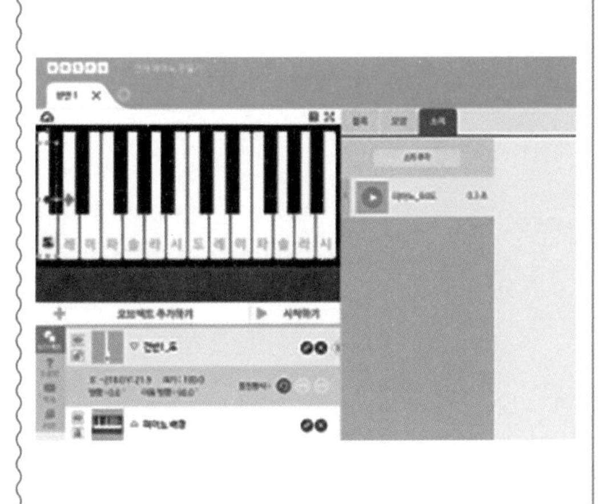	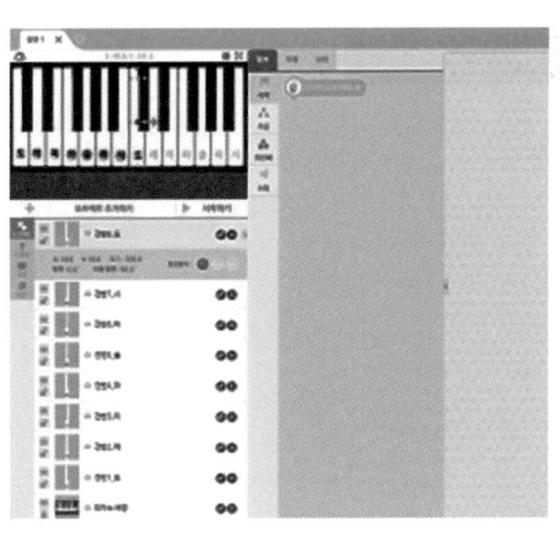

학습정리

- 엔트리를 이용해서 소리를 재생하는 방법과 특정 이벤트에 동작하는 블록들을 조립할 수 있습니다.

지도위원

이영만(교육인적자원부 학교정책기획팀 국장)
고영남(서울은천초등학교 교장)
김호산(서울특별시교육청 장학사)

저 자

김 평 (전주교육대학교 컴퓨터교육과 교수)
이용배 (전주교육대학교 컴퓨터교육과 교수)
김우정 (전 전주송북초등학교 교장)
박지은 (군산 중앙초등학교 교사)
조우나 (전주 양지초등학교 교사)

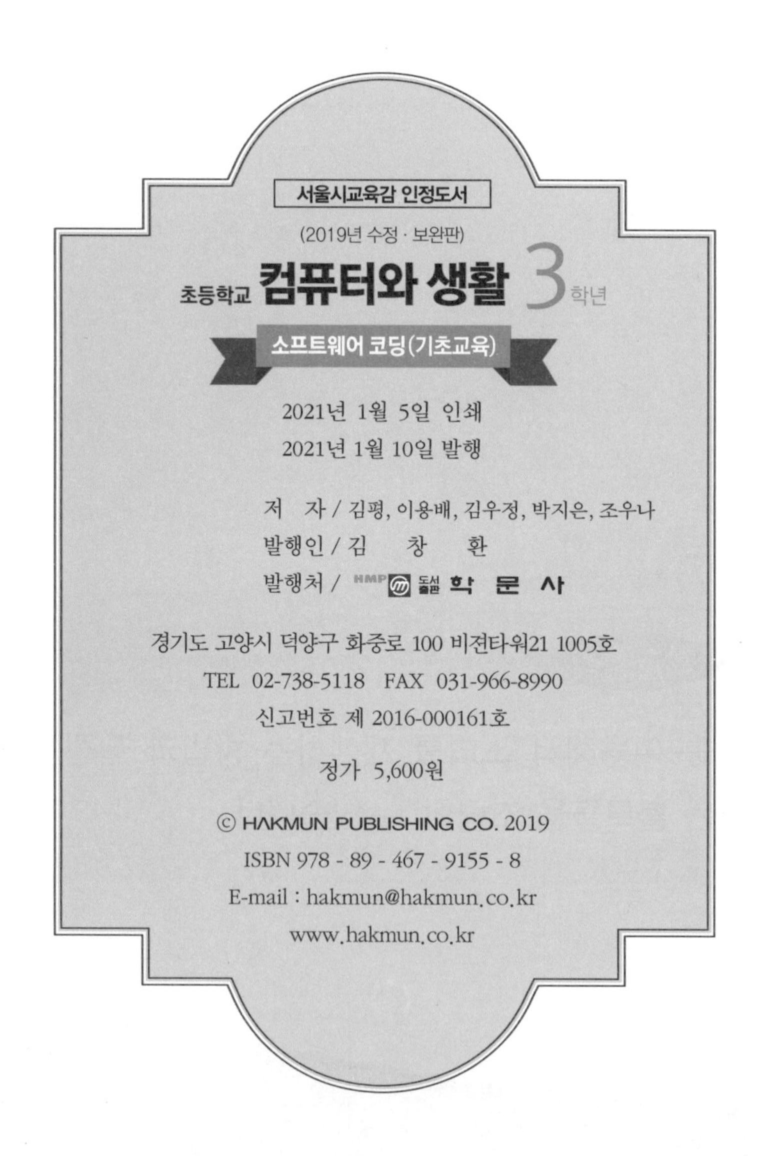
서울시교육감 인정도서
(2019년 수정 · 보완판)
초등학교 컴퓨터와 생활 3학년
소프트웨어 코딩(기초교육)

2021년 1월 5일 인쇄
2021년 1월 10일 발행

저 자 / 김평, 이용배, 김우정, 박지은, 조우나
발행인 / 김 창 환
발행처 / HMP 도서출판 학 문 사

경기도 고양시 덕양구 화중로 100 비젼타워21 1005호
TEL 02-738-5118 FAX 031-966-8990
신고번호 제 2016-000161호

정가 5,600원

ISBN 978 - 89 - 467 - 9155 - 8
E-mail : hakmun@hakmun.co.kr
www.hakmun.co.kr